川上和人 著

中村利和 攝影

蕭辰健 譯

標本協力

戈系子市鳥類專物館　專物館公園・茨城自然博物館

# 鳥類骨骼圖鑑

## 從鴕鳥到麻雀，收錄145種珍貴鳥類標本！

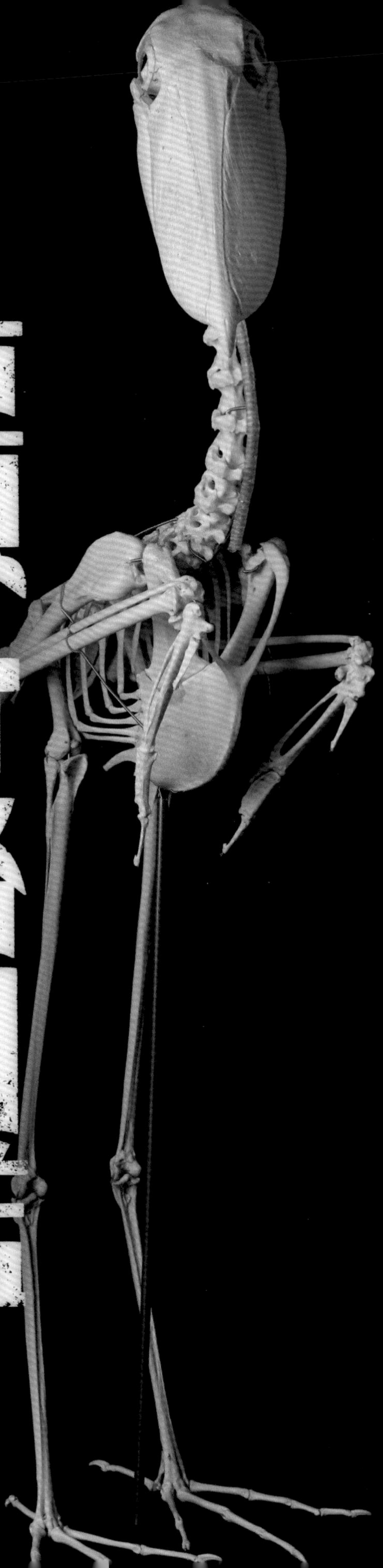

封面照片：洪保德環企鵝

P1照片：鯨頭鸛

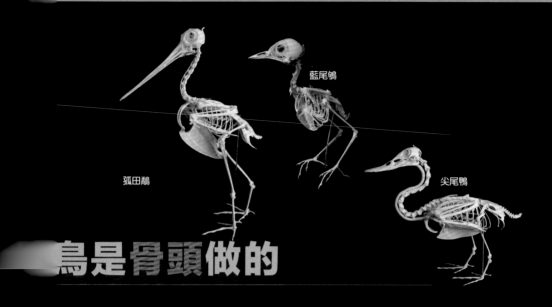

藍尾鴝

狐田鷸

尖尾鴨

# 鳥是骨頭做的

## 鳥是骨頭重要，還是羽毛重要？

　　骨字旁加個豐寫作「體」。日本的新字體採用「体」這個字型，但舊字體反倒意趣橫生。骨頭加上豐富（豐）的肉，就成了身體；從身體去除掉肉，則會成為骨頭。這個傑出的文字，成功掌握到了脊椎動物的結構。

　　我至今仍然不甚理解，「體」究竟是怎麼簡化成「体」，先不管這點，我們能夠確定的是，包含人類在內的脊椎動物，都是由骨骼支撐而存活著。假如沒有骨骼，想站也站不起來。少了骨骼，大力水手卜派救不了奧莉薇，湯姆・克魯斯無法飛簷走壁，只會徒剩躺在沙發上看電影的不起眼能耐。

　　這種被稱做「沙發馬鈴薯」（Couch Potato）的慵懶生活也不是不好，但再怎麼說，骨骼都是舉足輕重的構造。

　　在4億多年前，當我們的祖先還待在海裡的那陣子，體內就已經形成骨頭了。據信當時進化出的骨頭，是用來當成鈣元素的儲藏庫，其後才漸漸有了支撐身體的功能。

　　正因為骨骼撐起了身體，魚類才能朝兩棲類發展，以至於邁向陸地。後來羊膜動物出現，進化一路寫下新頁，爬蟲類發展出了恐龍，恐龍發展出了鳥類。脊椎動物之所以得以踏遍世界的各個角落，骨骼正是最大功臣。

　　而說到鳥類的特徵，自然就是能在空中飛翔。由羽毛組成的翅膀，使牠們能夠飛行。在現生動物之中，唯獨鳥類擁有羽毛這項獨特的器官。

　　也有人會說，鳥的特徵就是那美麗的羽毛外衣。藍色的白腹琉璃、紅色的日本歌鴝、奢侈地披掛著各種顏色的八色鳥，那多彩多姿的奧妙色彩，都是由羽毛妝點

白腹琉璃

日本歌鴝

瓜田鵐

藍尾鴝

尖尾鴨

而成的。

　　如同前述，生物是從遙遠祖先的身上繼承了骨頭，無論是水滴魚、青蛙，甚至美國的傳說生物多佛惡魔，全部都有骨頭。在這一點上，骨頭算是脊椎動物普遍擁有的器官。

　　另一方面，羽毛卻是鳥類所獨有的。我們甚至可以說，鳥之所以像鳥，就是因為有著羽毛這項特徵的緣故。

## 鳥兒會飛

　　這樣說起來，談到鳥就會想到羽毛。

　　拜此所賜，鳥兒總是只有外觀備受矚目。過去我自己確實曾在各式各樣的場合，談論過羽毛讓翅膀進化的奧妙和魅力。但在鳥類圖鑑中，卻老是只有外觀受到關注，人們根本忘了裡頭還有骨骼。

　　不過，小學的老師跟李奧納多·達文西都曾說過，不能從表面判斷事物。羽毛、肌肉和內臟等，說穿了都是易逝之物。只要還活著，代謝就會使形狀日日年年地改變；死去後則會受到分解，轉瞬間消失殆盡，實在短暫又無常。

　　然而骨頭可就不同了。骨頭一旦成形，便堅實牢固、穩定至極。不似軟組織會逐漸腐爛，骨頭就算過了1億年、2億年，也依然如故。

　　想要認識鳥類，聚焦於牠們所獨有的羽毛這項特徵，將是一條捷徑。不過，關注「骨頭」這項其他脊椎動物亦共同擁有的平凡素材，從普遍中尋找出鳥之所以為鳥的因素，也是一種不錯的見地。

　　所以說，在此希望大家能允許我，暫且忘掉鳥兒那脆弱至極而不穩定的外觀，將焦點放在骨頭上。

　　骨頭是由磷酸鈣所組成的器官，負責支撐鳥兒的身體。這一點其他脊椎動物也是一樣。但不同於其他動物的是，鳥類必須在空中飛翔。

　　在地面生活的動物，大可自在無礙地坐擁堅實的骨骼。畢竟地面會幫忙撐住一切，只要別碰到小剛和大猩猩※所製作的陷阱，就算有些許重量，也不會往下陷落。不容易骨折的牢靠骨骼，對生存來說想必相當有利。

　　不過，鳥兒就沒辦法這樣了。鳥類的骨頭必須兼顧相互矛盾的兩樣目的：撐住身體的穩固性，以及飛行所需的輕盈性。為此，鳥兒才一路進化出運動員型的骨骼，能夠維持住運動所需最小限度的結構，同時去蕪存菁直到極限。一言以蔽之，鳥類的骨頭盡在「機能美」。

　　就算對鳥類骨骼有所了解，在往後的人生中大概也完全派不上用場。不過，能接觸到漫長進化歷史所蘊育出的機能美，相信沒人會覺得是種損失。

　　這本書可以說是專為鳥類骨骼精心打造的珍貴「觀察室」。

※日本漫畫《山林小獵人》中的主要角色。

## 碩大的遺產

用雙足步行，是鳥類跟其他脊椎動物大不相同的一點。

為什麼鳥類會用雙足步行呢？這必定是因為，牠們的祖先本來就以雙足步行。薩克<sup>※</sup>之所以只有一隻眼睛，自然是因為舊版薩克本來就是獨眼。

鳥的祖先是獸腳類恐龍，是暴龍和哥吉拉龍的同類。「小型獸腳類出現了具翅膀的物種，開始在空中展翅高飛」如果覺得這是在騙人，不妨試著在獸腳類的頭部畫

上嘴喙、手臂處畫上翅膀、尾巴處畫上尾羽……看起來根本就是鳥了吧？

獸腳類恐龍的骨骼除了雙足步行以外，還能找到其他跟鳥類相關的性狀。由左右鎖骨癒合而成的V字型叉骨，也是在恐龍時代獲得的特徵。在伶盜龍的尺骨上頭有著成排的羽莖瘤，那是飛羽的連接處，可以證明牠們曾經有過翅膀。暴龍的骨頭裡則有骨髓骨形成，可供判定性別。在繁殖期，雉類的雌鳥會在股骨內部等處儲存用來製造卵殼的鈣質，推測暴龍應該也是這樣。這些可以說都是鳥類從獸腳類繼承

# 鳥是半隻恐龍

福井盜龍（獸腳類恐龍）

4

而來的性狀。

　　上述特徵將鳥牽引到了空中。正因以雙足步行，翅膀也就能專心用於飛行。飛翔時叉骨會如彈簧般起伏，幫助肺部擴張及收縮，達成高效率的呼吸。羽莖瘤會撐住飛羽，掌控飛行時的穩定度。而能夠生成圓滑的卵，則促成了輕量化。

　　鳥類可以飛翔，都要感謝從恐龍承繼而來的性狀。

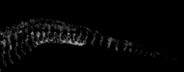

## 新的資產

　　另一方面，鳥類也自行進化出恐龍所沒有的性狀。若以薩克做比喻，就像是肩膀上尖銳突起的那個部位。

　　鳥的肱骨內部是中空的，有著氣囊。恐龍的軀幹和脖子也有氣囊，但貫穿到肱骨的氣囊則只有鳥類才有。

　　骨頭癒合也是鳥類的特徵。包括腕骨跟掌骨融合成腕掌骨，跗骨跟蹠骨融合成跗蹠骨，以及胸部的椎骨形成聯合背椎（Notarium），例子隨處可見。骨頭癒合後關節減少，可動性會變差，同時也才能達成輕量化和牢固化。

　　鳥類的胸骨部分有塊骨頭，就像一把相當粗的青龍刀，從背後貫穿到胸口，朝外突出。這稱為龍骨突，是飛行肌肉胸肌和喙上肌的附著處，屬於鳥類所獨有的特殊部位。

　　變短的尾巴與其尖端的尾綜骨，同樣是鳥類後來才獲得的構造。牠們摒棄了沉重的尾巴，以尾羽取而代之，讓尾巴產生進化。之所以能夠張開尾羽或上下擺動，就是因為根部處有著尾綜骨。

　　上述新特徵，樣樣都是能增進飛行效率的性狀，是往天空發展的鳥類，花費漫長時間逐漸精錬其型態而成。這些都可以稱為如假包換的鳥類特徵。

　　遺傳特性，再加上自行獲得的特性，鳥的性狀包含此兩種不同的來源。找出這些部分，也是鑑賞骨骼的樂趣之一。

※日本科幻動畫《機動戰士鋼彈》中的兵器。

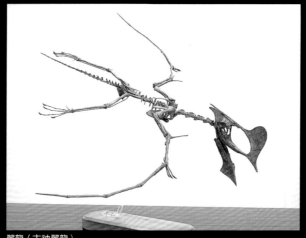

翼龍（古神翼龍）

# 無名指這麼長
# 就沒辦法拿來塗藥了

## 照理說也可以飛上天空

除了鳥類之外，試想還有什麼脊椎動物會在天際飛行？

蝙蝠、鼯鼠、飛蜥、凱·艾爾、翼龍、飛蛙、飛魚、金花蛇、蝙蝠俠。

相信聰慧的先生女士，已經發現裡頭有兩位局外人了吧？沒錯，就是蝙蝠跟翼龍，因為只有牠們是振翅飛行的動物。

專精於滑翔的動物，無法自由提升高度，因此鼯鼠跟飛蛙不過只是延伸了到達地面前的下墜距離，很難稱為真正的飛行者。在脊椎動物史上能夠振翅飛行的，唯有翼龍、蝙蝠，還有鳥類而已。

不過，翼龍和蝙蝠的飛行器官跟鳥類不一樣，牠們沒有羽毛，是運用皮膜來飛行。皮膜是從皮膚這個既有器官擴張而成，因此必定比羽毛容易進化出來。鼯鼠和「一反木棉[※1]」等滑翔者，都是利用皮膜在飛行，想來也很能理解。

用皮膜飛行的動物在翅膀骨骼的結構上，跟鳥類具有壓倒性的差異。鳥類翅膀的骨骼極度小巧，但翼龍和蝙蝠的翅膀骨骼尺寸，感覺上跟活著的樣子差不多大。

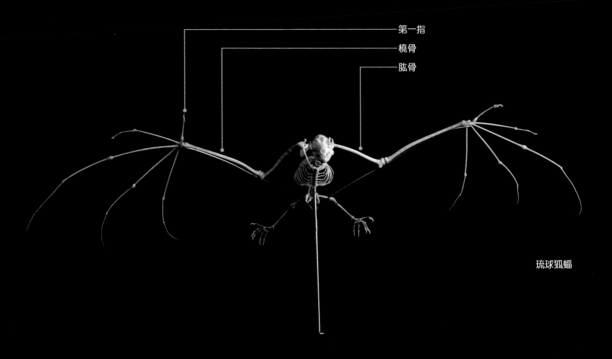

第一指
橈骨
肱骨

琉球狐蝠

因此在骨骼方面，不得不承認，翼龍和蝙蝠比麻雀來得帥氣。

## 蝙蝠傘[2] & 折扇

觀察翼龍的骨骼標本，會發現翅膀是由無名指所撐起，小指則已消失。無名指長得很長，幾乎到了不太方便拿來塗藥的程度[3]。不過，用一根指頭就撐起翅膀，毅力實在令人佩服。

蝙蝠從食指到小指，總共以4根指頭撐起皮膜。相較於用一根手指支撐，力量比較分散，相信也會更好控制。這樣的構造確實和蝙蝠傘很像。

無論如何，想用皮膜飛行，就必須要有翅膀大小的長指頭才行。

此外，翼龍和蝙蝠無法用雙足步行，因此會利用前肢在樹上或地面移動。翼龍的翅膀上之所以留有第一至第三指，蝙蝠之所以留有第一指，原因就在此處。

翼龍是世界上第一個往天空發展的脊椎動物。蝙蝠也捨棄了哺乳類地面霸主的地位，將目光投向天空。牠們的開拓精神值得我們尊敬，不過，前者已在白堊紀末期滅絕，後者則僅能在夜間出沒。

鳥類的翅膀是小小羽毛的集合體，因此面積能像扇子一樣產生變化。而且還是沒貼扇面的木片折扇型，因此在羽毛之間會產生空隙，還可以改變空氣阻力。翅膀是飛行效率比皮膜還要好的器官。

由於是羽毛所構成的，翅膀在鳥類的骨骼裡占比很小，帶點委靡的氣息。雖然翼龍和蝙蝠的骨骼很值得羨慕，但想到鳥類就是因為這種設計才成為天空中的霸主，就令人心情為之一快。

※1 日本傳說中的妖怪，有如一條白布般地飄在空中，會將人勒死。
※2 指不同於日本傳統木傘的西洋金屬傘，因撐開時狀似蝙蝠骨架而有此稱。即現代一般人所使用的傘。
※3 日語中稱無名指為「藥指」，在古代時，人們會拿無名指來塗藥。

# 本書使用方法、範例

① 分類與刊登順序：目名、科名、中文名、英文名、學名，原則上以《日本鳥類目錄改訂第7版》（日本鳥學會）與IOC World Bird List v9.2（Gill & Donsker 2019）為依據。另外，分類會隨時代產生變化，因此並不是恆久通用。

② 標本照片：完整組裝的骨骼標本是本書的精華所在，書中相當奢侈地使用全彩來介紹白色骨頭與黑色背景的單色世界。翅膀和腳的長度、胸骨和頭的尺寸，都刻畫著生活與進化的歷史。接著再將目光移向細節，就能夠認識一個物種的特徵。若能俯瞰性地拿來跟其他物種做比較，將會更加意趣深遠。骨骼的型態，是反映出鳥類行為與血統的知識源流。

③ 說明：突然看見一整排骨骼標本，相信有些人會不曉得該將焦點擺在何處，因此我呈現了骨頭的精彩之處。部位的特寫照片，應該也能幫助理解。但每個物種未必都具有值得矚目的特徵，所以有些描述會比較零碎乏味，還請大家親切以對，別太嚴格。畫有底線的詞彙，會在第164～165頁說明。

④ 生態照片：書中所刊出的活體照片，盡可能挑選了跟骨骼標本相同的姿勢。歡迎欣賞身裹羽毛、肌肉等軟組織的模樣，跟骨骼之間有何差異。另外，照片下方的說明文僅僅是作者的個人見解。

⑤ 縮尺：我為各種鳥類準備了1cm或5cm的比例尺。若以一萬日圓來換算價值，1cm值100萬日圓，5cm則值500萬日圓。例如鴕鳥高約2m，因此價值2億日圓，全額足以買下超級跑車布加迪威龍（Bugatti Veyron）。

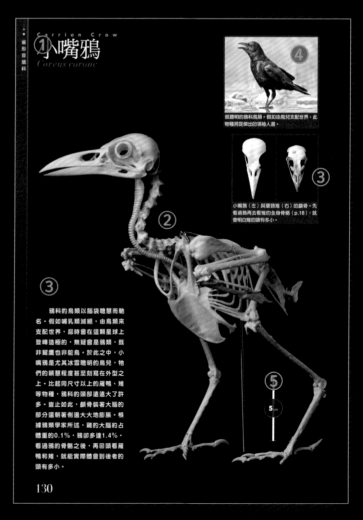

Carrion Crow
① 小嘴鴉
*Corvus corone*

雀形目鴉科

④ 很聰明的鴉科鳥類。假如由鳥兒支配世界，此物種將是傑出的領袖人選。

③ 小嘴鴉（左）與渡鴉雄（右）的顱骨。先看過鴉再去看雉的全身骨骼（p.18），就會明白雉的頭有多小。

② 

③ 鴉科的鳥類以腦袋聰慧而馳名。假如哺乳類滅絕，由鳥類來支配世界，屆時會在這顆星球上登峰造極的，無疑就是鴉類，既非鷲鷹也非鴕鳥。於此之中，小嘴鴉是尤其冰雪聰明的鳥兒，牠們的穎慧程度甚至刻寫在外型之上。比起同尺寸以上的雁鴨、雉等物種，鴉科的頭部遠遠大了許多。豈止如此。顱骨裝著大腦的部分還朝著側邊大大地膨脹。根據鴉類學家所述，雞的大腦的占體重的0.1%，鴉卻多達1.4%。看過鴉的骨骼之後，再回頭看雁鴨和雉，就能實際體會到後者的頭有多小。

⑤ 5cm

130

8

# 各部位骨頭名稱

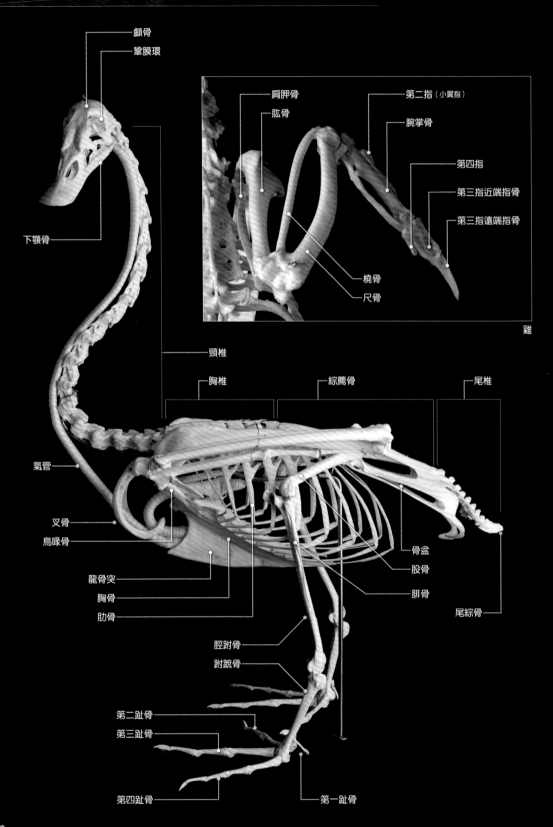

顱骨
鞏膜環
下顎骨

肩胛骨
肱骨
第二指（小翼指）
腕掌骨
第四指
第三指近端指骨
第三指遠端指骨
橈骨
尺骨

雞

頸椎
胸椎
綜薦骨
尾椎

氣管
叉骨
鳥喙骨
龍骨突
胸骨
肋骨
脛跗骨
跗蹠骨
第二趾骨
第三趾骨
第四趾骨
第一趾骨
骨盆
股骨
腓骨
尾綜骨

小天鵝

# 解讀骨頭

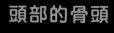

其實鰹鳥沒有鼻孔。明明是海鳥，鹽腺卻不在眼窩上，而是位於內側。這個例子過於特殊，不適當到了極點，真是不好意思。

## 頭部的骨頭

　　觀看顱骨時，應注意鼻孔的型態。全鼻孔型是跟活體時相去不遠的小小鼻孔，分鼻孔型則是擴張到嘴喙尖端附近的鼻孔。在大家印象中骨頭是堅硬的，但若是後者，由於骨頭很細，因而能夠彎曲喙部。分鼻孔型的鳥，是能夠靈巧處理食物的物種。

　　眼球所在的眼窩，以及當中鞏膜環的尺寸，可以當成日周活動的指標。如果眼窩上有凹陷，那就是鹽腺的壓痕，是會利用海洋的證據。嘴喙上方並排的小孔，顯示出三叉神經的分布，代表著觸覺的敏感程度。顱骨是能反映出鳥類行為的明鏡。

## 軀幹的骨頭

　　屹立在胸骨上的龍骨突，是飛行肌肉胸肌跟喙上肌的附著處。多虧有這塊骨頭，鳥類才獲得了強勁的飛行能力。其尺寸跟形狀與飛行效能、飛翔方式大幅相關。龍骨突唯有在鳥類身上才找得到，在鳥骨之中，此部位可說最有鳥的韻味。其實獸腳類的阿瓦拉慈龍類也擁有龍骨突，但我們暫且不管。

　　鳥類的胸部，是由聯合背椎、肋骨、胸骨形成堅實的籠狀。從腰部往下，則是以癒合薦骨為主的

鰹鳥的胸骨，龍骨突朝斜前方突出。

整片骨盆。鳥類的體幹是由癒合的椎骨所形成，因此特徵是脊椎活動範圍很小，不具柔軟性。飛行時的移動組件是翅膀，所以必須用前肢撐起軀幹並保持水平。正因為並不柔軟，鳥兒才比較容易採取低空氣阻力的飛行姿勢，讓身體在後方飄揚。椎骨沒有癒合的人類，如果想用竹蜻蜓※做出這樣的姿勢，會需要相當強大的背肌。

※漫畫《哆啦A夢》中的飛行道具，戴在頭頂即可升空。

## 翅膀的骨頭

鳥之所以為鳥，是因為有著引以為傲的翅膀。相當於肘部前方部立的尺骨上頭，排列著小疙瘩狀的羽莖瘤，這是構成翅膀平面部分的飛羽，曾經附著其上的痕跡。不過，在相當於肩至肘部的肱骨上頭，則不具有這種痕跡。這顯示出上臂並不會長出飛羽。肱骨如果有飛羽，在疊放翅膀時想必就會卡到身體，或往上突出而形成阻礙，因此才會成為現在這種結構。能夠高速振翅的鳥類肱骨較短，會滑翔的鳥類則通常

鰹鳥的翅膀骨頭。上起分別為長長的肱骨、2根一起擔負支撐之責的橈骨和尺骨、由許多骨頭癒合而成的腕掌骨。

較長。另一方面，在不會飛行的鳥類身上，相對於肱骨，尺骨直到最尖端的長度會極度縮短。

人類從手腕再往前，是由許多腕骨、掌骨、指骨形成了關節眾多的複雜結構。鳥類則將這些部分適度癒合起來，把手指數量減少到3根，顯得更加單純。癒合會減少關節，運作關節的肌肉減少，結構也能隨之強化；骨頭總量減少則能促進輕量化，就飛行器官的角度而言，盡是好處。

## 腳的骨頭

有羽毛時會找不到大腿的位置，但從骨骼看來則是一目了然。大腿緊密貼合於軀幹側面，在輪廓上會隱藏於軀幹的形影之中。這個部位並不是在身體的正下方，而且是斜斜地朝著前方，因此在外觀上並不會為腳的長度加分。可以看出外表所呈現出來的腳長，是從膝蓋生下的脛跗骨和跗蹠骨。

鰹鳥的腳部骨頭。上起分別為股骨、脛跗骨、跗蹠骨、趾骨。跗蹠骨有多短，外觀上腳就有多短。

對鳥類而言，日常上接觸外界事物的部位很有限，只有嘴喙跟腳底而已。會產生物理性接觸的部位，就容易配合著接觸對象加以適應進化。大家都知曉，鳥喙的外型變化多端，會反映出食物的多樣程度。腳尖也是相同道理，腳趾的長度、根數、爪子的彎曲程度、跗蹠骨的粗度和長度，都會依棲息環境而產生變異。

鳥類的特徵無疑是飛翔，然而比起飛行時間，待在地面或樹上的時間遠遠更長。正是在漫長時間裡用來支撐身體的腳，才更能顯露出特色。

## 尾巴的骨頭

比起其他部位，尾巴相當不起眼。在始祖鳥的時代，鳥類曾有過由許多尾椎串連而成的長長骨骼。不過，該處逐漸變得小巧，昇華成由數塊骨頭癒合而成的小型尾綜骨。尾巴的骨頭不起眼，正是鳥類的一大特徵。

鰹鳥的尾綜骨。這是由尾椎合體變形而成的骨頭，感覺可以拿來當武器揮舞，但鳥兒不會擺動它。

# 目次

鳥的身體
就像一盒巧克力。
你永遠不知道
打開後
裡面會長什麼樣。

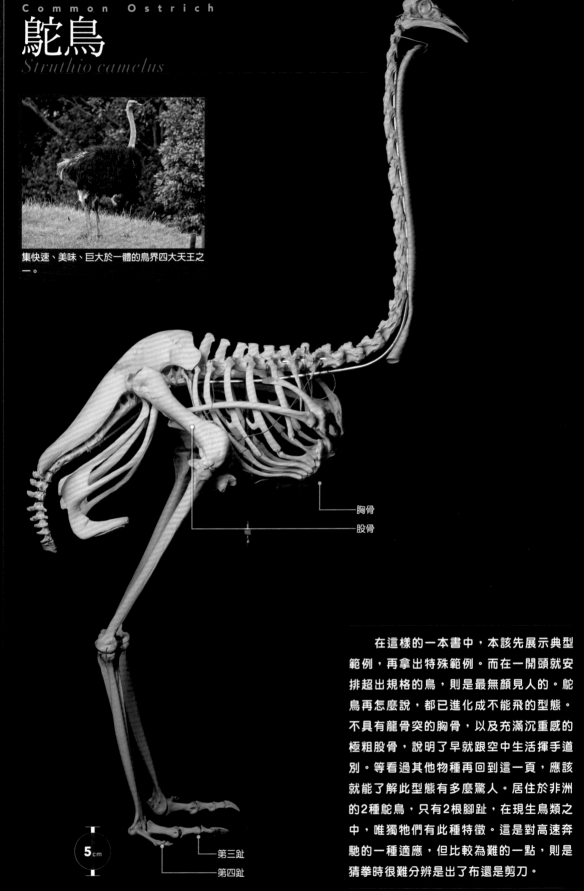

# 鴕鳥
*Struthio camelus*

集快速、美味、巨大於一體的鳥界四大天王之一。

胸骨

股骨

5cm

第三趾

第四趾

　　在這樣的一本書中，本該先展示典型範例，再拿出特殊範例。而在一開頭就安排超出規格的鳥，則是最無顏見人的。鴕鳥再怎麼說，都已進化成不能飛的型態。不具有龍骨突的胸骨，以及充滿沉重感的極粗股骨，說明了早就跟空中生活揮手道別。等看過其他物種再回到這一頁，應該就能了解此型態有多麼驚人。居住於非洲的2種鴕鳥，只有2根腳趾，在現生鳥類之中，唯獨牠們有此種特徵。這是對高速奔馳的一種適應，但比較為難的一點，則是猜拳時很難分辨是出了布還是剪刀。

鴯鶓一嗨起來，就會止不住放克（Funk）風的舞蹈，又飛又跳、又伸又縮。

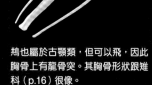

鷸也屬於古顎類，但可以飛，因此胸骨上有龍骨突。其胸骨形狀跟雉科（p.16）很像。

　　鴯鶓跟鴕鳥都屬於古顎總目這個分類。之中還包括鶴鴕、鷸鴕（奇異鳥）、恐鳥、大美洲鴕、鷸等成員，其特徵是除了鷸之外都不會飛。雖說如此，牠們無疑也是從會飛的祖先，進化出了不飛翔的特性。鴯鶓的翅膀遠比鴕鳥更小，在外觀上幾乎找不到在哪裡。像這樣以骨骼呈現，則可看出具有尺寸微小的翅膀骨頭，且在前端部分同樣長著爪子。到底會用在什麼地方呀？順帶一提，鴯鶓的腳趾有3根，跟鴕鳥不一樣。

5 cm

Rock Ptarmigan

# 岩雷鳥
*Lagopus muta*

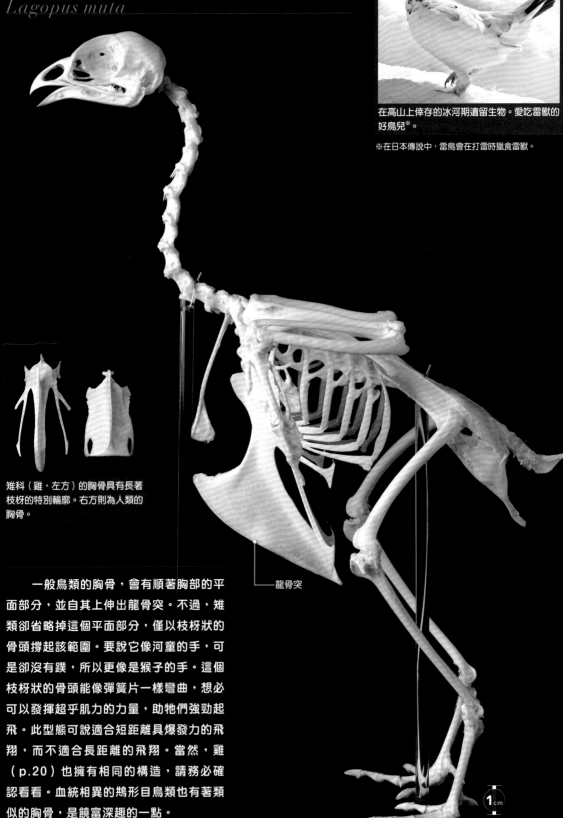

在高山上倖存的冰河期遺留生物。愛吃雷獸的
好鳥兒※。

※在日本傳說中，雷鳥會在打雷時獵食雷獸。

雉科（雞，左方）的胸骨具有長著
枝枒的特別輪廓。右方則為人類的
胸骨。

└── 龍骨突

　　一般鳥類的胸骨，會有順著胸部的平
面部分，並自其上伸出龍骨突。不過，雉
類卻省略掉這個平面部分，僅以枝枒狀的
骨頭撐起該範圍。要說它像河童的手，可
是卻沒有蹼，所以更像是猴子的手。這個
枝枒狀的骨頭能像彈簧片一樣彎曲，想必
可以發揮超乎肌力的力量，助牠們強勁起
飛。此型態可說適合短距離具爆發力的飛
翔，而不適合長距離的飛翔。當然，雞
（p.20）也擁有相同的構造，請務必確
認看看。血統相異的鴉形目鳥類也有著類
似的胸骨，是饒富深趣的一點。

1 cm

# 東亞鵪鶉

Japanese Quail

*Coturnix japonica*

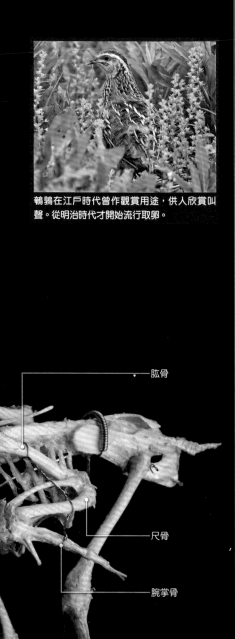

鵪鶉在江戶時代曾作觀賞用途，供人欣賞叫聲。從明治時代才開始流行取卵。

肱骨

尺骨

腕掌骨

1 cm

　　雉科包含約150種鳥類。當中會定期遷徙的僅有3種，其中1種就是鵪鶉。雞形目的翅膀又短又圓，通常無法長距離飛行。而不做長距離飛行的鳥類，前肢肘部以下所占的長度就會縮短。這是因為用來飛行的飛羽，只會長在肘部以下的位置。因此，我試著測量了（尺骨＋腕掌骨）÷肱骨的長度比。不會遷徙的雉是1.41，會遷徙的鵪鶉則有1.47。雖然跟外表看起來很不一樣，但鵪鶉的骨骼確實已經適應遷徙了。

Common Pheasant

# 環頸雉
*Phasianus colchicus*

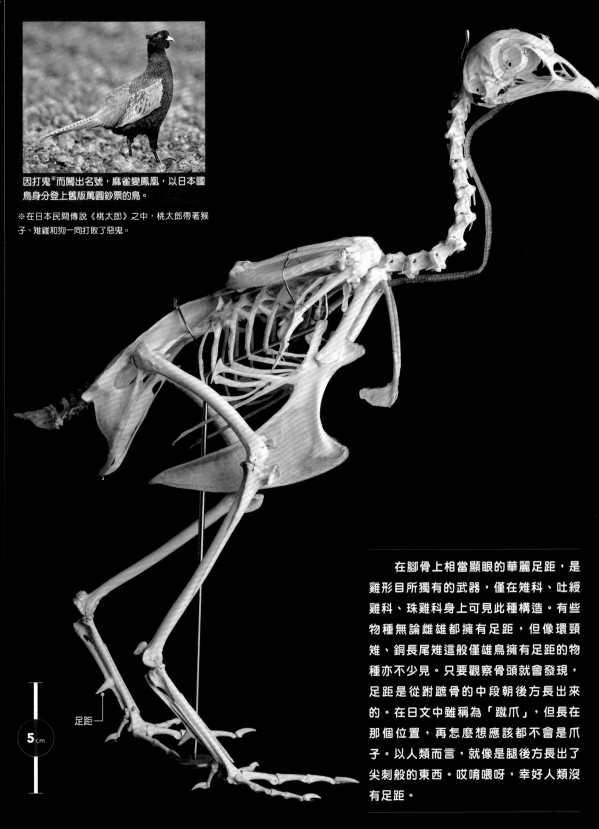

因打鬼※而闖出名號，麻雀變鳳凰，以日本國鳥身分登上舊版萬圓鈔票的鳥。

※在日本民間傳說《桃太郎》之中，桃太郎帶著猴子、雉雞和狗一同打敗了惡鬼。

足距

**5**cm

　　在腳骨上相當顯眼的華麗足距，是雞形目所獨有的武器，僅在雉科、吐綬雞科、珠雞科身上可見此種構造。有些物種無論雌雄都擁有足距，但像環頸雉、銅長尾雉這般僅雄鳥擁有足距的物種亦不少見。只要觀察骨頭就會發現，足距是從跗蹠骨的中段朝後方長出來的。在日文中雖稱為「蹴爪」，但長在那個位置，再怎麼想應該都不會是爪子。以人類而言，就像是腿後方長出了尖刺般的東西。哎唷喂呀，幸好人類沒有足距。

# 灰胸竹雞

*Bambusicola thoracicus*

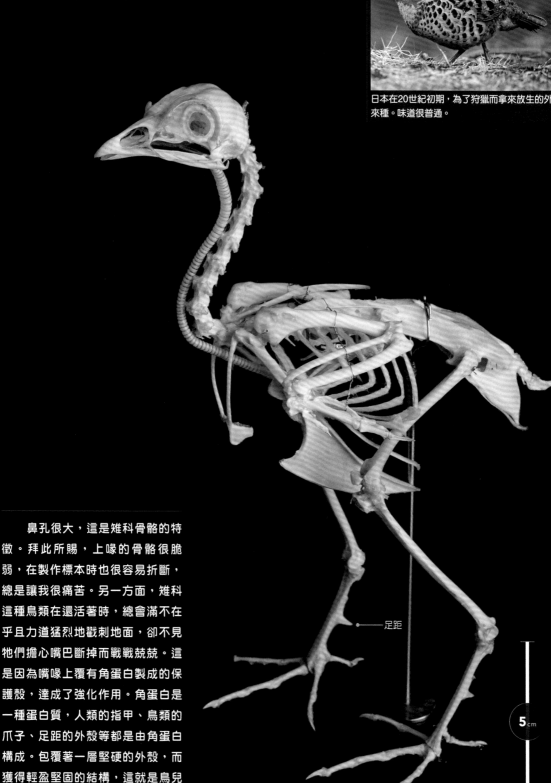

日本在20世紀初期，為了狩獵而拿來放生的外來種。味道很普通。

足距

5cm

鼻孔很大，這是雉科骨骼的特徵。拜此所賜，上喙的骨骼很脆弱，在製作標本時也很容易折斷，總是讓我很痛苦。另一方面，雉科這種鳥類在還活著時，總會滿不在乎且力道猛烈地戳刺地面，卻不見牠們擔心嘴巴斷掉而戰戰兢兢。這是因為嘴喙上覆有角蛋白製成的保護殼，達成了強化作用。角蛋白是一種蛋白質，人類的指甲、鳥類的爪子、足距的外殼等都是由角蛋白構成。包覆著一層堅硬的外殼，而獲得輕盈堅固的結構，這就是鳥兒的黃金公式。

# C h i c k e n
# 雞
*Gallus gallus domesticus*

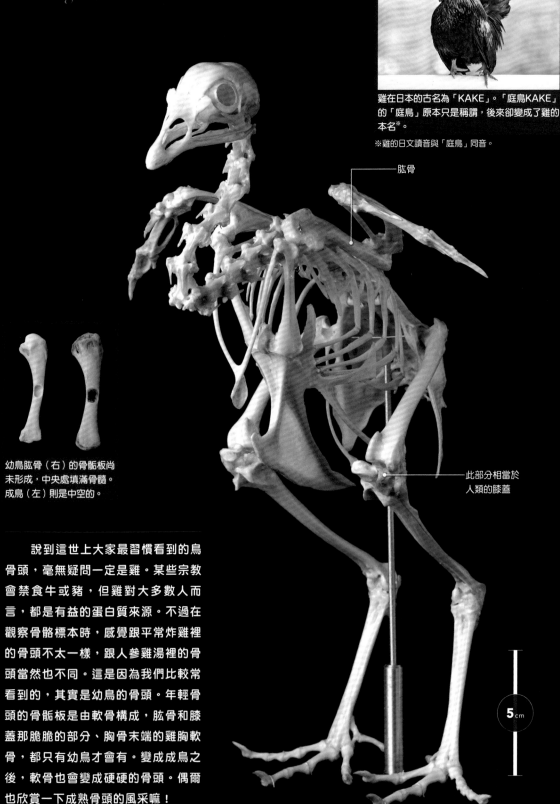

雞在日本的古名為「KAKE」。「庭鳥KAKE」的「庭鳥」原本只是稱謂，後來卻變成了雞的本名※。

※雞的日文讀音與「庭鳥」同音。

肱骨

此部分相當於人類的膝蓋

幼鳥肱骨（右）的骨骺板尚未形成，中央處填滿骨髓。成鳥（左）則是中空的。

　　說到這世上大家最習慣看到的鳥骨頭，毫無疑問一定是雞。某些宗教會禁食牛或豬，但雞對大多數人而言，都是有益的蛋白質來源。不過在觀察骨骼標本時，感覺跟平常炸雞裡的骨頭不太一樣，跟人參雞湯裡的骨頭當然也不同。這是因為我們比較常看到的，其實是幼鳥的骨頭。年輕骨頭的骨骺板是由軟骨構成，肱骨和膝蓋那脆脆的部分、胸骨末端的雞胸軟骨，都只有幼鳥才會有。變成成鳥之後，軟骨也會變成硬硬的骨頭。偶爾也欣賞一下成熟骨頭的風采嘛！

5cm

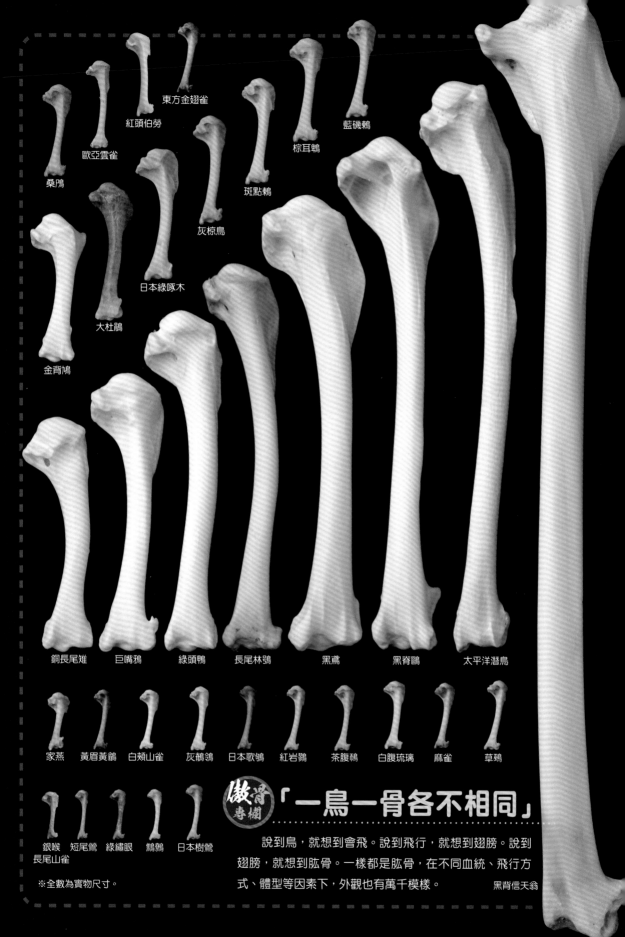

東方金翅雀

紅頭伯勞

歐亞雲雀

桑鳴

斑點鶇

棕耳鵯

藍磯鶇

灰椋鳥

日本綠啄木

大杜鵑

金背鳩

銅長尾雉　巨嘴鴉　綠頭鴨　長尾林鴞　黑鳶　黑脊鷗　太平洋潛鳥

家燕　黃眉黃鶲　白頰山雀　灰鶺鴒　日本歌鴝　紅岩鷚　茶腹鳾　白腹琉璃　麻雀　草鵐

銀喉
長尾山雀　短尾鶯　綠繡眼　鶸鶸　日本樹鶯

※全數為實物尺寸。

傲骨專欄「一鳥一骨各不相同」

說到鳥，就想到會飛。說到飛行，就想到翅膀。說到翅膀，就想到肱骨。一樣都是肱骨，在不同血統、飛行方式、體型等因素下，外觀也有萬千模樣。

黑背信天翁

# 寒林豆雁

Bean Goose

*Anser fabalis*

牠們會吃菱※，但也會吃其他東西。順帶一提，其英文名意為「會吃豆子」的鳥。

※豆雁的日文名為「菱喰」，字面上的意思是「吃菱」（的鳥）。

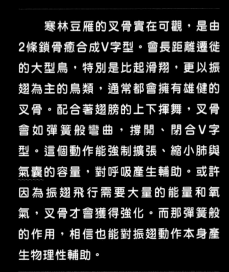

叉骨

寒林豆雁的叉骨實在可觀，是由2條鎖骨癒合成V字型。會長距離遷徙的大型鳥，特別是比起滑翔，更以振翅為主的鳥類，通常都會擁有雄健的叉骨。配合著翅膀的上下揮舞，叉骨會如彈簧般彎曲，撐開、閉合V字型。這個動作能強制擴張、縮小肺與氣囊的容量，對呼吸產生輔助。或許因為振翅飛行需要大量的能量和氧氣，叉骨才會獲得強化。而那彈簧般的作用，相信也能對振翅動作本身產生物理性輔助。

# Cackling Goose
# 小加拿大雁
*Branta hutchinsii*

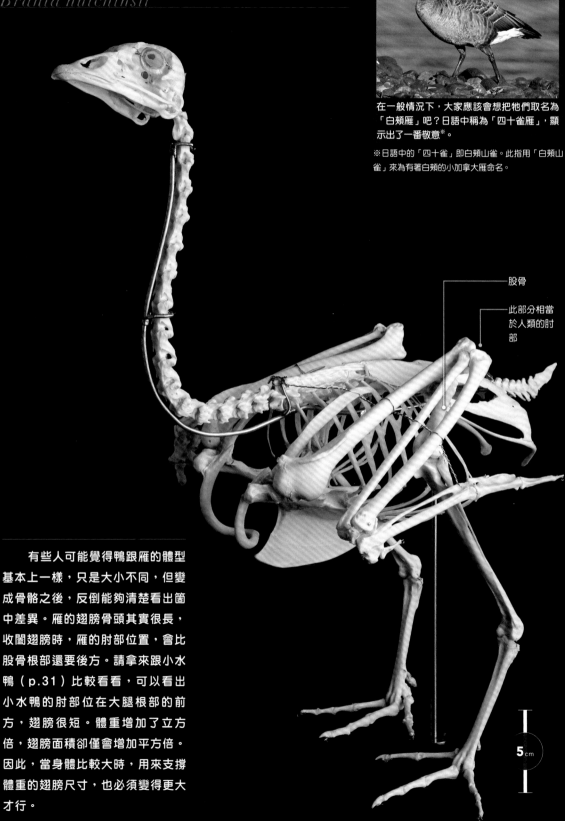

在一般情況下，大家應該會想把牠們取名為「白頰雁」吧？日語中稱為「四十雀雁」，顯示出了一番敬意※。

※日語中的「四十雀」即白頰山雀。此指用「白頰山雀」來為有著白頰的小加拿大雁命名。

股骨

此部分相當於人類的肘部

有些人可能覺得鴨跟雁的體型基本上一樣，只是大小不同，但變成骨骼之後，反倒能夠清楚看出箇中差異。雁的翅膀骨頭其實很長，收闔翅膀時，雁的肘部位置，會比股骨根部還要後方。請拿來跟小水鴨（p.31）比較看看，可以看出小水鴨的肘部位在大腿根部的前方，翅膀很短。體重增加了立方倍，翅膀面積卻僅會增加平方倍。因此，當身體比較大時，用來支撐體重的翅膀尺寸，也必須變得更大才行。

5 cm

# 疣鼻天鵝

Mute Swan

*Cygnus olor*

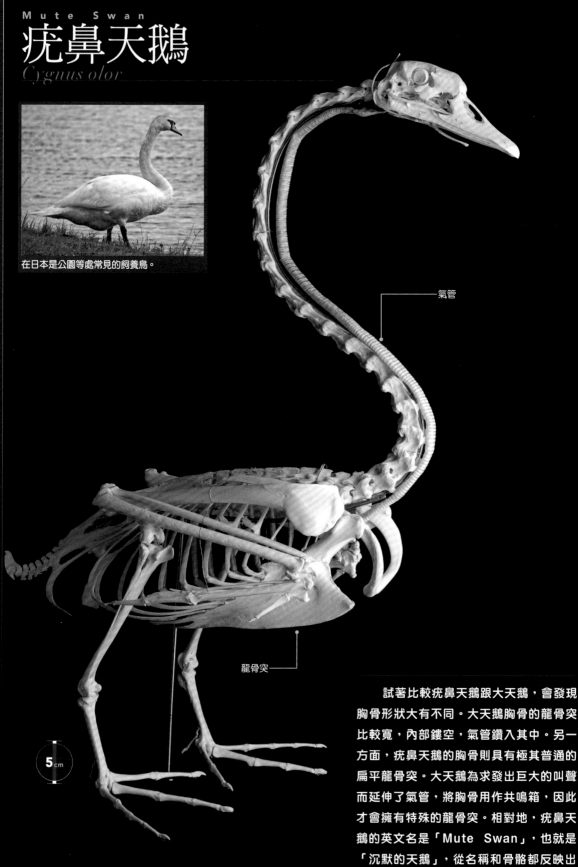

在日本是公園等處常見的飼養鳥。

氣管

龍骨突

5cm

試著比較疣鼻天鵝跟大天鵝，會發現胸骨形狀大有不同。大天鵝胸骨的龍骨突比較寬，內部鏤空，氣管鑽入其中。另一方面，疣鼻天鵝的胸骨則具有極其普通的扁平龍骨突。大天鵝為求發出巨大的叫聲而延伸了氣管，將胸骨用作共鳴箱，因此才會擁有特殊的龍骨突。相對地，疣鼻天鵝的英文名是「Mute Swan」，也就是「沉默的天鵝」，從名稱和骨骼都反映出了行為。

# 大天鵝

Whooper Swan

*Cygnus cygnus*

大天鵝的屬名「Cygnus」是指天鵝座。山葉機車（YAMAHA）也有一個同名的車系。

內部鏤空並裝有氣管，是很有特色的龍骨突。鶴也有著類似的構造（p.71）。

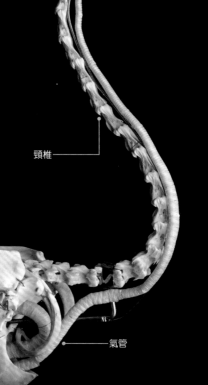

頸椎

氣管

龍骨突

5 cm

　　總覺得比例很奇怪。會帶給人這種感覺就是因為脖子太長了。平時都藏在羽毛底下，長度看似短了些，但在脫掉外衣之後卻很驚人。鳥類脖子的骨頭稱為頸椎，數量依物種而異。大天鵝在鳥類之中擁有數量最多的頸椎，算起來有25節。一般脊椎動物的頸椎則是7節，人類、長頸鹿、轆轤首※都一樣。骨頭數量越多，關節就越多，更能柔順地運動。《天鵝湖》舞蹈的美妙曲線，祕密就在此處。

※日本傳說中的長頸妖怪，脖子可以伸縮。

# 鴛鴦

Mandarin Duck

*Aix galericulata*

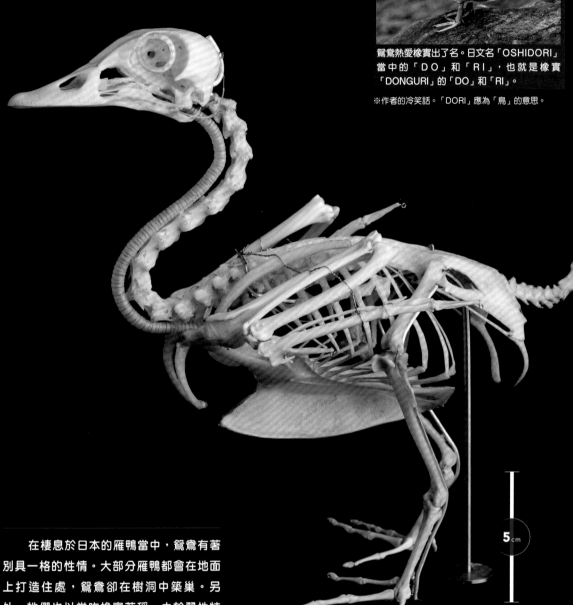

鴛鴦熱愛橡實出了名。日文名「OSHIDORI」當中的「DO」和「RI」，也就是橡實「DONGURI」的「DO」和「RI」。

※作者的冷笑話。「DORI」應為「鳥」的意思。

5cm

在棲息於日本的雁鴨當中，鴛鴦有著別具一格的性情。大部分雁鴨都會在地面上打造住處，鴛鴦卻在樹洞中築巢。另外，牠們也以常吃橡實著稱。由於習性特殊，原本期待在骨骼方面會不會也有其特色，沒想到只看骨頭的話，牠們根本就是平凡無奇的雁鴨。我還以為牠們為求順利停在樹枝上，腳底是不是會長著鉤刺；又或者為了在吃橡實時不弄掉，嘴巴裡是不是長著異形般的口器。結果啥都沒有。鴛鴦之所以像鴛鴦，一切精華盡在羽毛。

# 赤頸鴨

*Anas penelope*

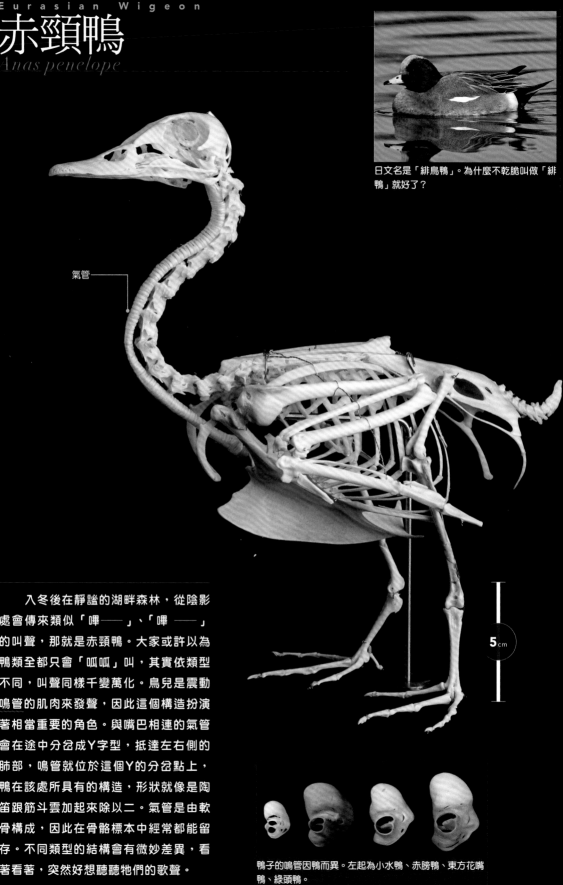

日文名是「緋鳥鴨」。為什麼不乾脆叫做「緋鴨」就好了？

氣管

　　入冬後在靜謐的湖畔森林，從陰影處會傳來類似「嗶———」、「嗶———」的叫聲，那就是赤頸鴨。大家或許以為鴨類全都只會「呱呱」叫，其實依類型不同，叫聲同樣千變萬化。鳥兒是震動鳴管的肌肉來發聲，因此這個構造扮演著相當重要的角色。與嘴巴相連的氣管會在途中分岔成Y字型，抵達左右側的肺部，鳴管就位於這個Y的分岔點上，鴨在該處所具有的構造，形狀就像是陶笛跟筋斗雲加起來除以二。氣管是由軟骨構成，因此在骨骼標本中經常都能留存。不同類型的結構會有微妙差異，看著看著，突然好想聽聽牠們的歌聲。

5cm

鴨子的鳴管因鴨而異。左起為小水鴨、赤膀鴨、東方花嘴鴨、綠頭鴨。

## Mallard
# 綠頭鴨
*Anas platyrhynchos*

綠頭鴨被馴化成家禽之後，就成了家鴨。屁屁
上的捲毛是魅力所在。

　　對日本人而言，最像鴨子的，就屬綠
頭鴨了。冬天時，在全國各地水域都能見
到綠頭鴨的身影，但夏天時可見的地區則
不多。因為牠們在國內的繁殖地，僅限於
北海道、東北等部分地區。簡言之，牠們
會遷徙。鴨子沉甸甸的身體若要長途移
動，就需要巨大的飛行肌肉，也就是胸
肌。要擁有大片胸肌，則需要大塊的胸骨
才能附著。牠們的胸骨前後很長，是個能
夠容納巨大引擎的框架。

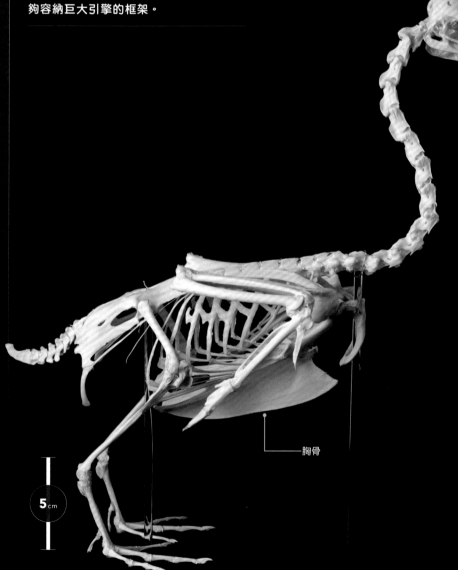

5cm

胸骨

綠頭鴨的胸骨。拜前後偏長
的胸骨所賜，得以附著大片
胸肌。

# 東方花嘴鴨

Eastern Spot-billed Duck

*Anas zonorhyncha*

鴨子經常是雄鳥華麗、雌鳥樸素，這個物種卻是雌雄同色，而且彼此感情很好。

　　觀察鳥嘴骨頭的前端，會發現一些小洞，令人聯想到草莓的表面。這在過去是神經通過的孔洞，孔洞的密度會依類型而異，鴨類是密度很高的一類。有著許多孔洞，就代表嘴喙前端的觸覺相當敏銳。我們可以看見東方花嘴鴨在混濁的水面下，用嘴巴嘩啦啦地捕捉食物。靠牠們長在側面的眼睛，想必很難在水中覓食，其實牠們都是利用敏感的嘴喙，透過摸索來發現水中的食物。

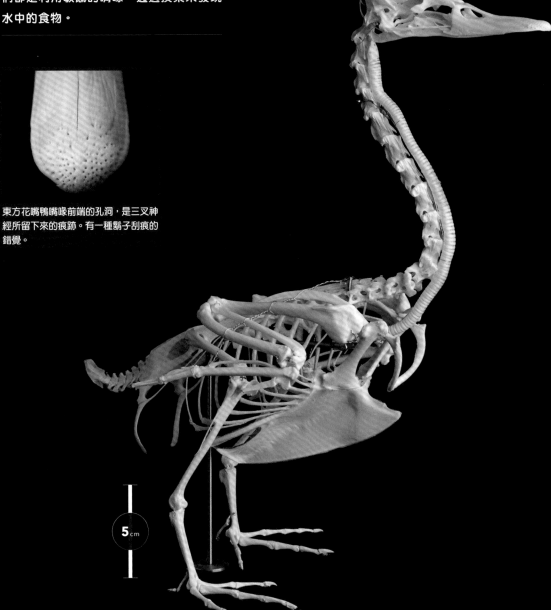

東方花嘴鴨嘴喙前端的孔洞，是三叉神經所留下來的痕跡。有一種鬍子刮痕的錯覺。

5cm

# 琵嘴鴨

Northern Shoveler

*Anas clypeata*

嘴巴上的板齒相當顯眼，刺刺亂亂的舌頭也很
壯觀。

　　英文名「Shoveler」，想必就是取
自那鏟子般的嘴巴。若再變大一些，就會
進化成「Shovelest」※了。鴨類配合著
食物的類型，在口內擁有相當多元的細微
構造。以琵嘴鴨而言，上喙內側的兩旁，
就長著鯨鬚般的細梳狀結構。這層結構不
是骨頭，而是由包覆骨頭的角蛋白外殼所
形成，因此在骨骼標本中也就無法欣賞到
它的奧妙了。當野生個體打哈欠時，若看
得見嘴巴裡面，就能確認到這個結構。在
比較過活體跟骨骼之後，相信大家就能體
會，要從骨頭想像外觀的型態，實在有其
極限。

※作者的冷笑話。刻意將shoveler的「er」視為英文
文法中的比較級，因此shovelest即為最高級，有進化
之感。

5 cm

琵嘴鴨的嘴上有著成排的梳狀結構，摸
起來意外很硬。

# Teal
# 小水鴨
*Anas crecca*

有些人可能覺得鴨跟雁的體型基本上一樣，只是大小不同，但變成骨骼之後，反倒能夠清楚看出箇中差異。鴨的翅膀骨頭其實很短，收闔翅膀時，小水鴨的肘部位置，會落在股骨根部的前方。請拿來跟小加拿大雁（p.23）比較看看，可以看出小加拿大雁的肘部位在大腿根部的後方，翅膀很長。體重減少了立方倍，翅膀面積卻僅會減少平方倍。因此，當身體比較小時，用來支撐體重的翅膀尺寸，就算再小一點也很足夠。乍看相像，其實很不一樣，這就是生物的有趣之處。

對壯碩的人而言，小水鴨只有手掌那麼大。根本扛不住下仁田蔥※。

※一種特別粗的蔥。「鴨子背蔥上門」是日本諺語，意指鴨子自己把鴨肉鍋少不了的蔥背來，讓人一起下鍋食用，形容某個人當了冤大頭。

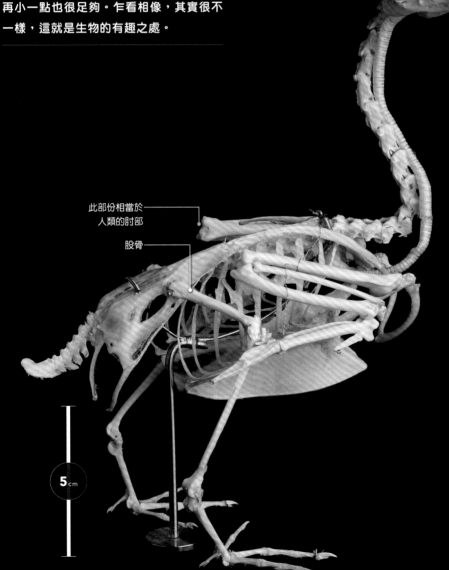

此部份相當於人類的肘部

股骨

5 cm

Tufted Duck

# 鳳頭潛鴨

*Aythya fuligula*

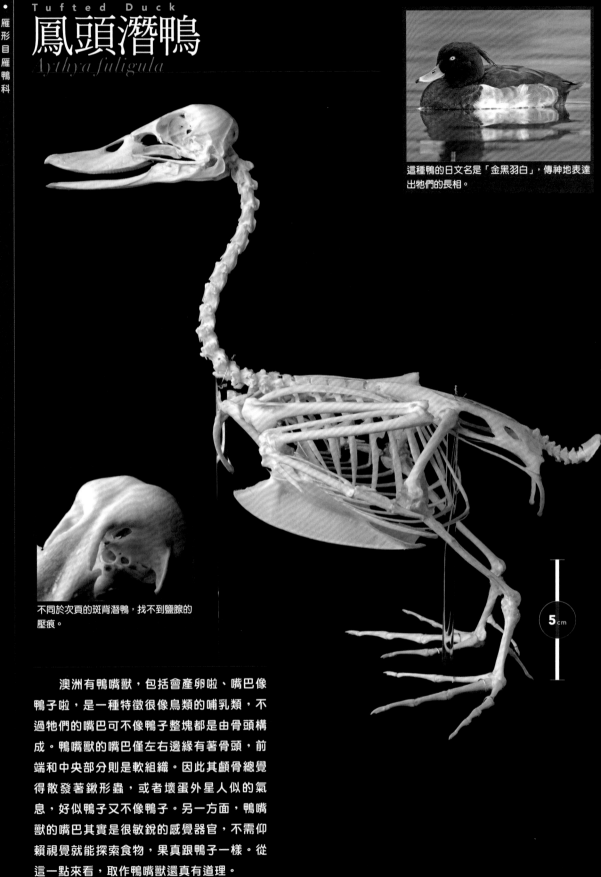

這種鴨的日文名是「金黑羽白」，傳神地表達出牠們的長相。

不同於次頁的斑背潛鴨，找不到鹽腺的壓痕。

5cm

　　澳洲有鴨嘴獸，包括會產卵啦、嘴巴像鴨子啦，是一種特徵很像鳥類的哺乳類，不過牠們的嘴巴可不像鴨子整塊都是由骨頭構成。鴨嘴獸的嘴巴僅左右邊緣有著骨頭，前端和中央部分則是軟組織。因此其顱骨總覺得散發著鍬形蟲，或者壞蛋外星人似的氣息，好似鴨子又不像鴨子。另一方面，鴨嘴獸的嘴巴其實是很敏銳的感覺器官，不需仰賴視覺就能探索食物，果真跟鴨子一樣。從這一點來看，取作鴨嘴獸還真有道理。

# 斑背潛鴨

Greater Scaup

*Aythya marila*

斑背潛鴨很喜歡吃貝類。無論多硬的貝殼，在肌胃的力量面前都是微不足道的。

鴨子有時候會被分成淡水鴨跟海鴨，例如斑背潛鴨就是海鴨。這並不是分類學上的劃分，而是基於經驗區分鴨子常見於淡水域或海水域的方法。不過身體型態上，斑背潛鴨確實有著「這就是海鴨」的印記。在顱骨眼窩上方，睫毛的生長位置附近，可以找到淡淡的凹痕，此為鹽腺的壓痕。鹽腺是能排除掉海水鹽分，藉以將淡水吸收到體內的裝置。雖然斑背潛鴨的鹽腺壓痕比所謂的海鳥來得淺，卻是牠們生活於大海的證據，這在東方花嘴鴨等淡水鴨身上是不會有的。順帶一提，外觀跟斑背潛鴨很像的鳳頭潛鴨，則沒有這種壓痕。

眼窩上方留有淡淡的鹽腺壓痕，說明了已經適應海水。

眼窩

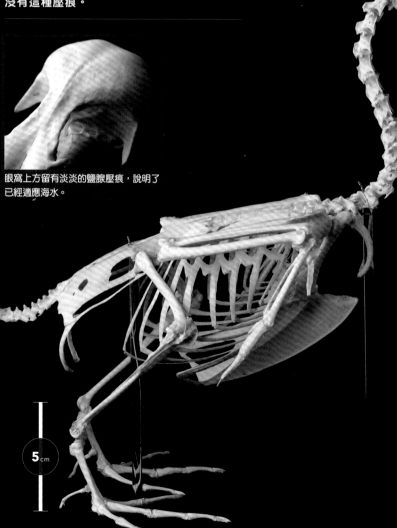

5 cm

Harlequin Duck

# 丑鴨
*Histrionicus histrionicus*

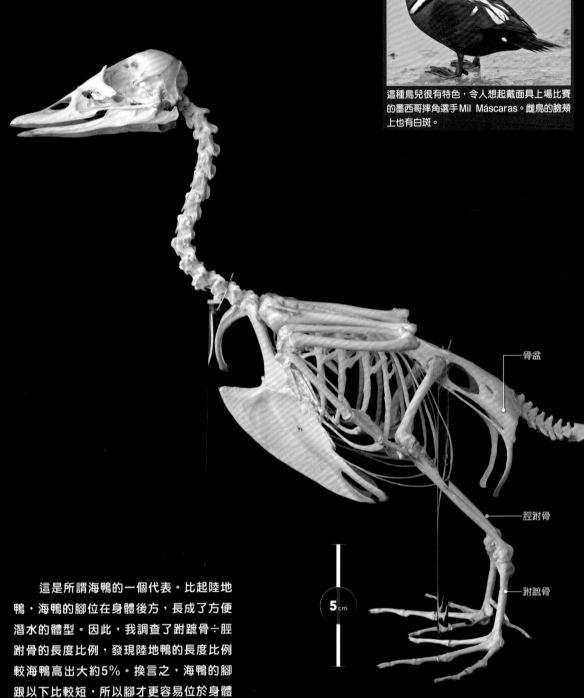

這種鳥兒很有特色，令人想起戴面具上場比賽的墨西哥摔角選手 Mil Máscaras。雌鳥的臉頰上也有白斑。

骨盆

脛跗骨

跗蹠骨

5 cm

這是所謂海鴨的一個代表。比起陸地鴨，海鴨的腳位在身體後方，長成了方便潛水的體型。因此，我調查了跗蹠骨÷脛跗骨的長度比例，發現陸地鴨的長度比例較海鴨高出大約5％。換言之，海鴨的腳跟以下比較短，所以腳才更容易位於身體後方。另外，陸地鴨的骨盆比較寬大，後半部朝著上下方向延展開來；而海鴨的骨盆則相對扁平，不太寬廣。海鴨之所以會長成這種體型，其中一個原因應該也是對腳朝後方比較不會造成阻礙。

# Velvet Scoter
# 斑臉海番鴨
*Melanitta fusca*

日文名包含了天鵝絨之意，源自於英文名的「Velvet」。

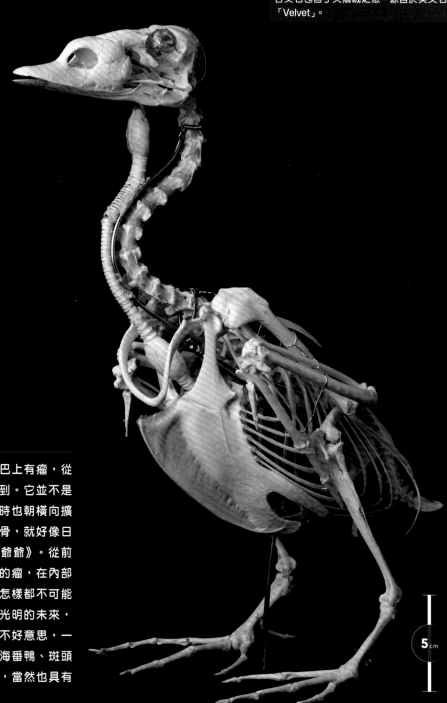

在外觀上，嘴巴上有瘤，從骨骼也可以直接找到。它並不是單純朝上突出，同時也朝橫向擴張；由上方觀看顱骨，就好像日本童話裡的《摘瘤爺爺》。從前我以為外觀上可見的瘤，在內部必定是軟組織，再怎樣都不可能裝著夢想、希望和光明的未來，但是看來我錯了。不好意思，一直太小看瘤了。黑海番鴨、斑頭海番鴨嘴巴上的瘤，當然也具有相同的骨骼背景。

5cm

# Common Merganser
# 川秋沙
*Mergus merganser*

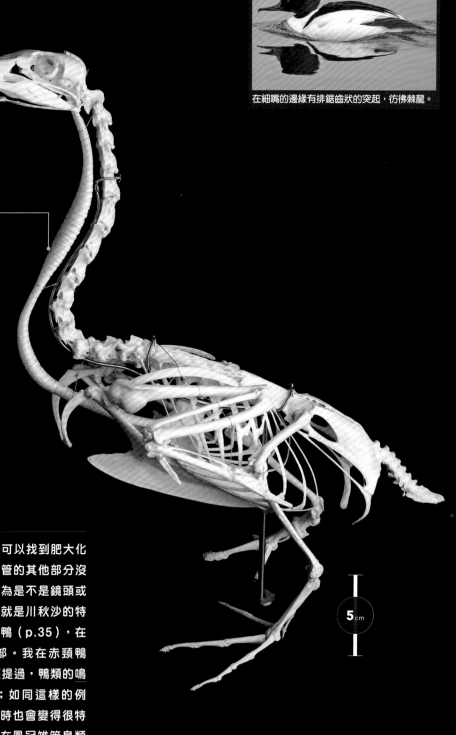

在細嘴的邊緣有排鋸齒狀的突起，彷彿棘龍。

氣管

　　這種鳥類的氣管，可以找到肥大化的部分，在結構上跟氣管的其他部分沒有差別，或許會讓人以為是不是鏡頭或時空產生歪曲了，但這就是川秋沙的特徵。像剛剛的斑臉海番鴨（p.35），在氣管上具有明確的囊部。我在赤頸鴨（p.27）的篇章中曾經提過，鴨類的鳴管型態會依物種而異；如同這樣的例子，就連氣管的型態有時也會變得很特殊。氣管肥大化的情形在鳳冠雉等鳥類身上同樣可見，但在鴨子身上更顯多樣。鴨類通常都是雄鳥會變得比較特殊，不妨再多比較看看。

**5**cm

# Little Grebe
# 小鷉鷉
*Tachybaptus ruficollis*

小鷉鷉連巢都築在水上，鮮少登陸。這是面臨地球暖化時最強的鳥類。

鷉鷉類比起飛行更擅長潛水，尤其還不是運用翅膀振翅潛水，而是專門以划腳潛水。在這一點上，可說跟潛鳥類有著相同行為。不過，兩者的體型呈現（Body Plan）卻是大異其趣。潛鳥類的軀幹前後很長，鷉鷉的軀幹則很短；前者是巨型核潛艇，後者則約莫是深海6500型潛水器。短軀幹的機動性，更勝於直線前進的穩定性。小鷉鷉在水底、岩石陰影等處窺探，靈活尋找著小動物的游泳方式，正是此種體型的能耐。

5cm

Great Crested Grebe

# 冠鷿鷈
*Podiceps cristatus*

雛鳥的頭部有黑白斑馬花紋，看到時會稍微嚇一跳。

股骨

脛跗骨

5 cm

　　請看膝蓋。尖刺般的突起朝向前方，穿出了脛跗骨跟大腿部分的關節處。多麼可怕的武器呀！如果在摔角場上吃了牠們一記「跳躍雙膝墜擊」，無疑會被開出大洞。鷿鷈科的鳥兒會利用這個突起戳刺小魚捕來吃──這當然是騙你的。牠們想透過腳製造出潛水時的推進力，因此大腿上需要大塊的肌肉。要撐起大塊肌肉，骨骼上就需要大片的附著部位，也就是這個突起了。使用這塊尖刺，就能利用槓桿原理，力道強勁地划腳潛水了。

冠鷿鷈（下）與太平洋潛鳥（上）的脛跗骨。膝蓋上的突起，橫豎看起來都像武器。

# 黑頸鷉鷉

Black-necked Grebe

*Podiceps nigricollis*

換上夏羽時，就會是黑頭紅眼配上金色飾羽，
縈繞著惡魔般的氣息。

5 cm

鳥的腳上有爪，爪子的彎曲程度有所
不同，但幾乎都是細長尖銳的錘狀。不
過，鷉鷉科卻輕而易舉地顛覆了這項預
設。牠們腳上的爪子，竟然跟人類的指甲
一樣鈍而寬闊。雖說是為了適應游泳才產
生的構造，仍是相當奇怪的形狀。不過這
個外型是由角蛋白外殼包覆著骨頭所形成
的，骨頭的形狀則如一般鳥兒呈現錘狀。
原來只要直接用軟組織修飾骨頭的形狀，
鳥類的外型就可以輕鬆進化呀……不對
喔，仔細一看，爪子的骨頭尖端，好像已
經變成平平的了。為了適應游泳，牠們甚
至改變了骨頭的形狀呢！

鷉鷉類的爪子鈍而寬闊，在鳥類中相當
罕見。圖為赤頸鷉鷉。

# 原鴿

*Columba livia*

以前人們經常辦活動放生原鴿，牠們在日本的公園等處已經野化。

龍骨突

5 cm

原鴿有著隆起的鴿胸。飛鳥全都長有發達的龍骨突，但原鴿則特別大幅外突，這跟牠們屬於弱勢似乎有著關連。許多原鴿都會在開放式地點咕咕叫著，行地面採食，這個模樣相當好認，因此成了老鷹類、狐狸等獵食者方便到手的食物。為求不被吃掉，原鴿所採取的策略是一被獵食者發現，就一溜煙地起飛逃跑，為此就需要能發揮爆發性飛行能力的大塊胸肌，扮演附著部位的龍骨突也才會如此發達。不過會被襲擊的一個原因，說不定就在於大塊胸肌是很有魅力的食物。到底是先有胸肌，還是先有襲擊，答案應該相當難解。

# 黑林鴿

Japanese Wood Pigeon

*Columba janthina*

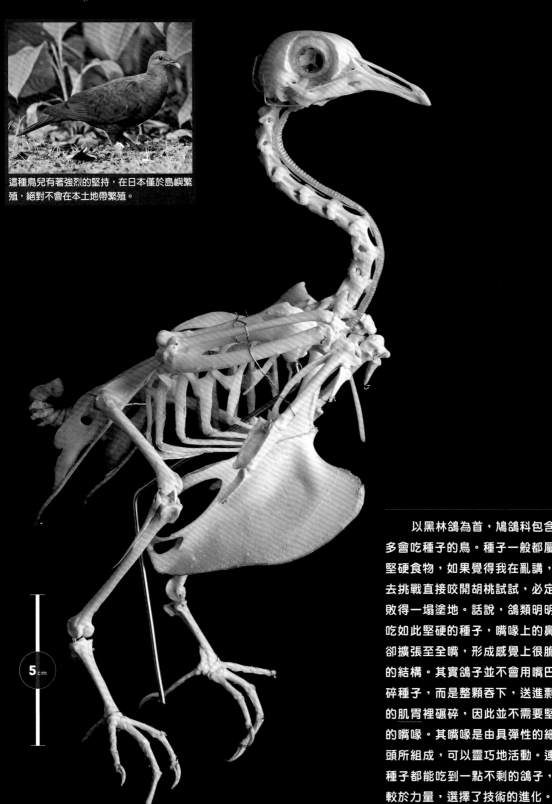

這種鳥兒有著強烈的堅持，在日本僅於島嶼繁殖，絕對不會在本土地帶繁殖。

5 cm

以黑林鴿為首，鳩鴿科包含許多會吃種子的鳥。種子一般都屬於堅硬食物，如果覺得我在亂講，就去挑戰直接咬開胡桃試試，必定會敗得一塌塗地。話說，鴿類明明會吃如此堅硬的種子，嘴喙上的鼻孔卻擴張至全嘴，形成感覺上很脆弱的結構。其實鴿子並不會用嘴巴弄碎種子，而是整顆吞下，送進剽悍的肌胃裡碾碎，因此並不需要堅固的嘴喙。其嘴喙是由具彈性的細骨頭所組成，可以靈巧地活動。連小種子都能吃到一點不剩的鴿子，相較於力量，選擇了技術的進化。

Oriental Turtle Dove

# 金背鳩
*Streptopelia orientalis*

相當貼近生活的鴿子。也有人說梅特林克的
《青鳥》是金背鳩的近緣種。

金背鳩的胸骨。枝枒狀的骨頭
朝著周圍伸出的模樣,有如水
字螺般。

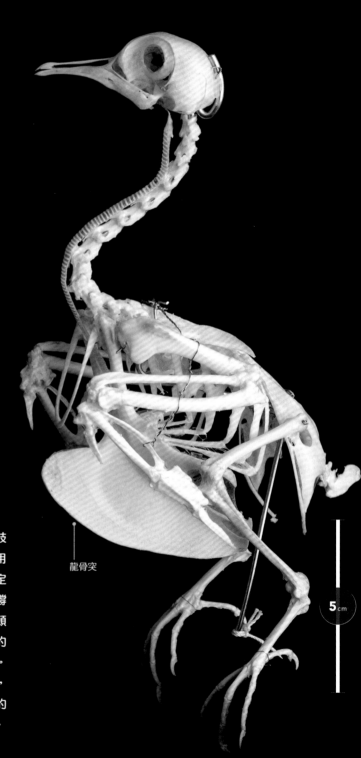

龍骨突

5cm

　　從正面觀看鳩鴿科的胸骨,會看見枝
枒狀的骨頭由側面伸向斜後方。胸骨是用
來支撐飛行肌肉的部位,為求長距離穩定
飛行,胸骨一定得夠牢靠,才能穩定支撐
肌肉。另一方面,相信這種枝枒狀的骨頭
也能發揮彈簧片般的作用,達成瞬間性的
強力振翅,此種結構與雉科的胸骨相同。
雉科跟鳩鴿科都很美味,容易受到襲擊,
因此需要緊急逃生裝置,推測基於相同的
立場,牠們才會發展出類似的胸骨結構。

# 翠翼鳩

*Chalcophaps indica*

日文叫做「金鳩」，但實在看不出哪裡有金色。不過，也是有不是金色的金魚，所以就不計較了。

**5**cm

　　鴿子的雌鳥若進入繁殖期，股骨等骨頭中央就會生成海綿狀的骨頭。雄鳥並沒有這種骨頭，因此可以推斷這是為了產卵而在累積鈣質。此性質並不是所有鳥兒都有，但在鴨子、雉等身上同樣著稱。除了鳥兒之外，此種特徵亦出現於恐龍化石，以前就曾經以這種方法判別出暴龍的性別。像雀形目等不會製造海綿狀骨頭的鳥類，在產卵前夕則會勤於食用甲殼類或蝸牛殼來補充鈣質。

# 綠鳩
### Japanese Green Pigeon
*Treron sieboldii*

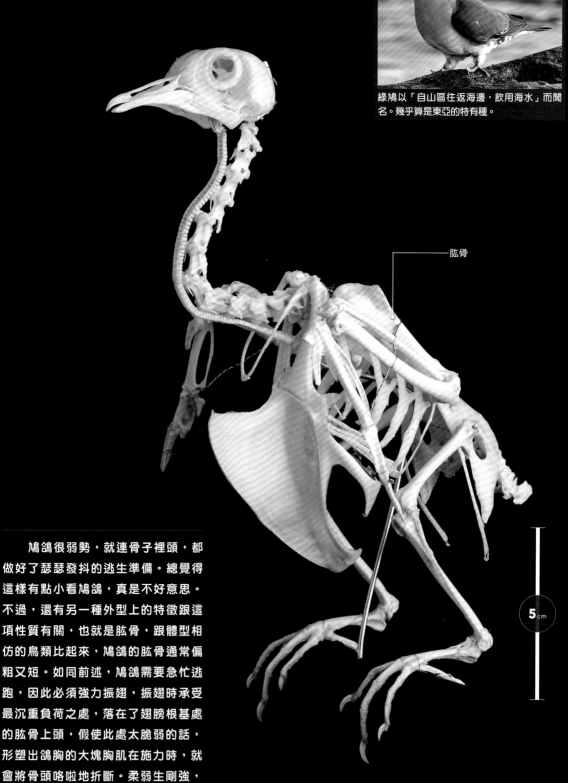

綠鳩以「自山區往返海邊，飲用海水」而聞名。幾乎算是東亞的特有種。

肱骨

　　鳩鴿很弱勢，就連骨子裡頭，都做好了瑟瑟發抖的逃生準備。總覺得這樣有點小看鳩鴿，真是不好意思。不過，還有另一種外型上的特徵跟這項性質有關，也就是肱骨，跟體型相仿的鳥類比起來，鳩鴿的肱骨通常偏粗又短。如同前述，鳩鴿需要急忙逃跑，因此必須強力振翅，振翅時承受最沉重負荷之處，落在了翅膀根基處的肱骨上頭，假使此處太脆弱的話，形塑出鴿胸的大塊胸肌在施力時，就會將骨頭咯啦地折斷。柔弱生剛強，盡現於此。

5cm

# 黑喉潛鳥
Black-throated Loon
*Gavia arctica*

黑喉潛鳥擁有一身美麗的夏羽外衣，不禁令人聯想到巴塔哥尼亞的原住民族塞爾克南人（Selk'nam）。

　　潛鳥類跟鸊鷉類一樣，都是用腳划水型的適應潛水代表物種，但潛鳥類的結構設計有些不同。鸊鷉類是靈巧的深海6500型潛水器，相對地，潛鳥類則長著潛艇式的修長流線體型，可以說就跟哈雷機車一樣，直行穩定度極高。可以清楚看出，其軀幹部分就像雪茄型UFO那般，整合成低阻力的形狀。而起始於胸骨的肋骨則朝後方延伸，打造出包覆整個腹部的籠狀結構，這個結構可以耐受很高的水壓，保護內臟並維持住身形。

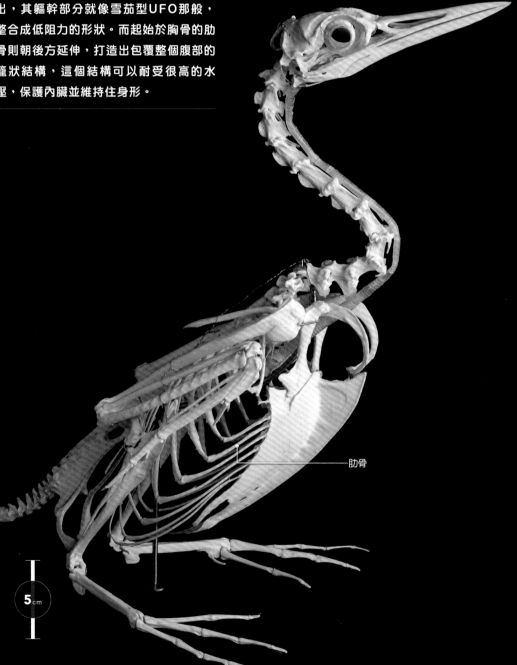

肋骨

**5**cm

Pacific Loon

# 太平洋潛鳥

*Gavia pacifica*

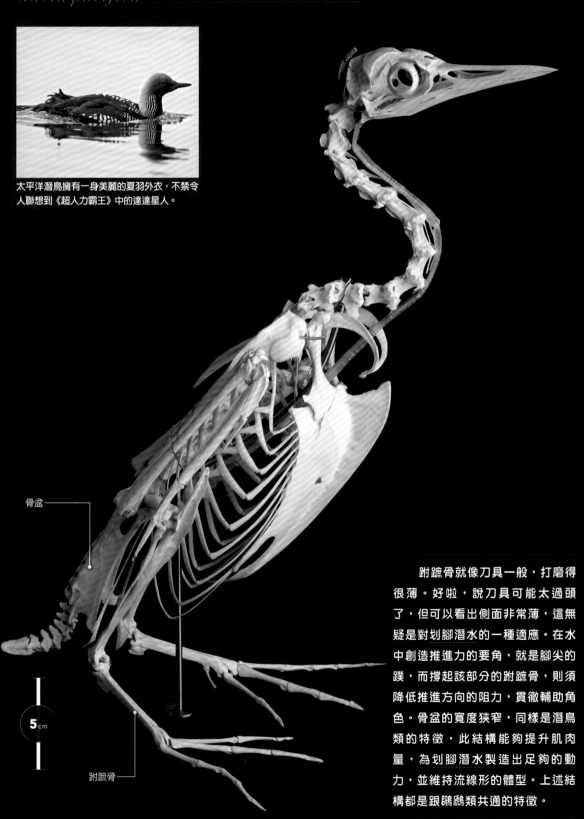

太平洋潛鳥擁有一身美麗的夏羽外衣,不禁令人聯想到《超人力霸王》中的達達星人。

骨盆

跗蹠骨

5 cm

跗蹠骨就像刀具一般,打磨得很薄。好啦,說刀具可能太過頭了,但可以看出側面非常薄,這無疑是對划腳潛水的一種適應。在水中創造推進力的要角,就是腳尖的蹼,而撐起該部分的跗蹠骨,則須降低推進方向的阻力,貫徹輔助角色。骨盆的寬度狹窄,同樣是潛鳥類的特徵,此結構能夠提升肌肉量,為划腳潛水製造出足夠的動力,並維持流線形的體型。上述結構都是跟鸊鷉類共通的特徵。

# Humboldt Penguin
# 洪保德環企鵝
*Spheniscus humboldti*

這是日本飼養數量最多的企鵝。來自南半球溫帶，很怕冷。

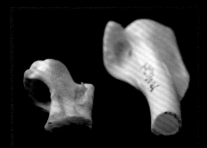

洪保德環企鵝（左）的肱骨並非中空，而是厚實堅硬的骨頭，形成了沉重剛健的結構。右為人類的肱骨。

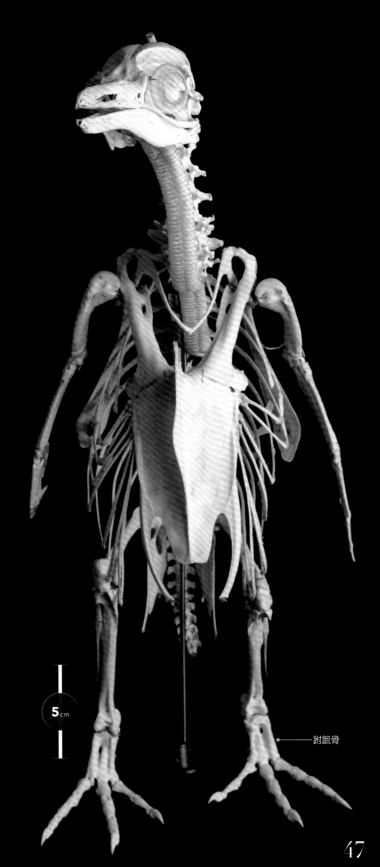

企鵝實在特殊過頭，讓人不曉得該聚焦於何處才好，但我這次想將焦點放在蹠蹠骨上。這塊骨頭相當於人類的腳背，一般在鳥類身上都是由好幾塊骨頭癒合而成，顯得細細長長，不過企鵝的癒合卻很淺層，骨頭之間甚至還留有空隙。許多鳥兒在運動時，都會將這個部位的肌腱當成彈簧般使用，不過對特化出振翅潛水的企鵝而言，延長此處只會增加水的阻力，使體溫更容易流失。相較於將蹠蹠骨拉得細長，企鵝應是選擇了另一種進化方向，藉由變寬變短的最小尺寸，來撐起沉甸甸的體重。

5 cm

跗蹠骨

Laysan Albatross

# 黑背信天翁
*Phoebastria immutabilis*

寫下最長壽紀錄的野鳥,是一隻叫做「智慧」
(Wisdom)的黑背信天翁。

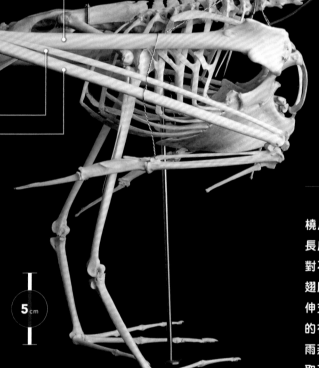

肱骨

橈骨
尺骨

5cm

　　翅膀如折疊傘般折成3段。肱骨和
橈尺骨的長度決定了折疊的尺寸,而該
長度足以匹敵軀幹。信天翁科的軀幹絕
對不算短,因此從骨骼可以實際體會出
翅膀有多長。翅膀要長有兩種方式,延
伸支撐翅膀的骨骼,或者延伸翅膀尖端
的初級飛羽。信天翁科採取前者,叉尾
雨燕(p.82)和遊隼(p.124)等則採
取了後者的策略,來爭取翅膀長度。要
撐得起信天翁科龐大的身體,最好別用
羽毛,而是以骨骼來支撐會更加理想。
這個結構想必也很適合乘風遨翔於大洋
之上的滑翔機。

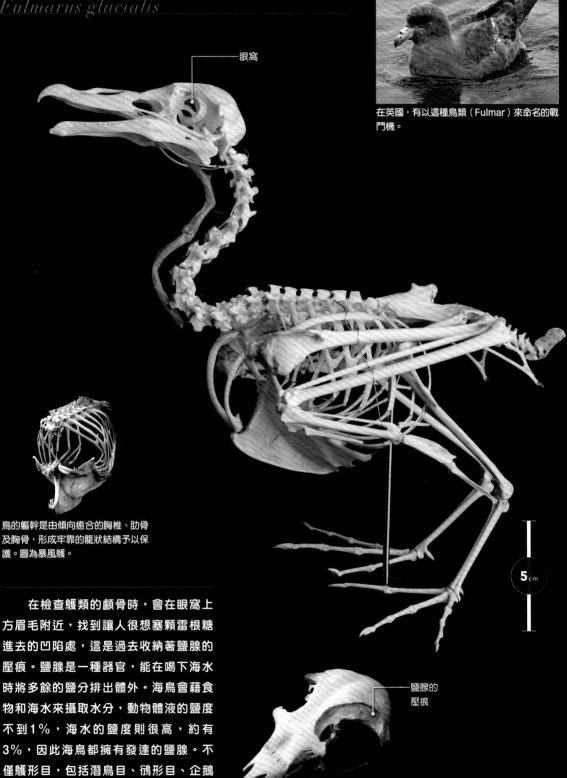

Northern Fulmar

# 暴風鸌
*Fulmarus glacialis*

眼窩

在英國，有以這種鳥類（Fulmar）來命名的戰鬥機。

鳥的軀幹是由傾向癒合的胸椎、肋骨及胸骨，形成牢靠的籠狀結構予以保護。圖為暴風鸌。

鹽腺的壓痕

眼窩上方的凹陷是鹽腺的痕跡。拜此所賜，不會罹患高血壓。

5cm

在檢查鸌類的顱骨時，會在眼窩上方眉毛附近，找到讓人很想塞顆雷根糖進去的凹陷處，這是過去收納著鹽腺的壓痕。鹽腺是一種器官，能在喝下海水時將多餘的鹽分排出體外。海鳥會藉食物和海水來攝取水分，動物體液的鹽度不到1％，海水的鹽度則很高，約有3％，因此海鳥都擁有發達的鹽腺。不僅鸌形目，包括潛鳥目、鴴形目、企鵝目等，許多使用海水的物種都具備發達的鹽腺，有機會務必觀察看看。

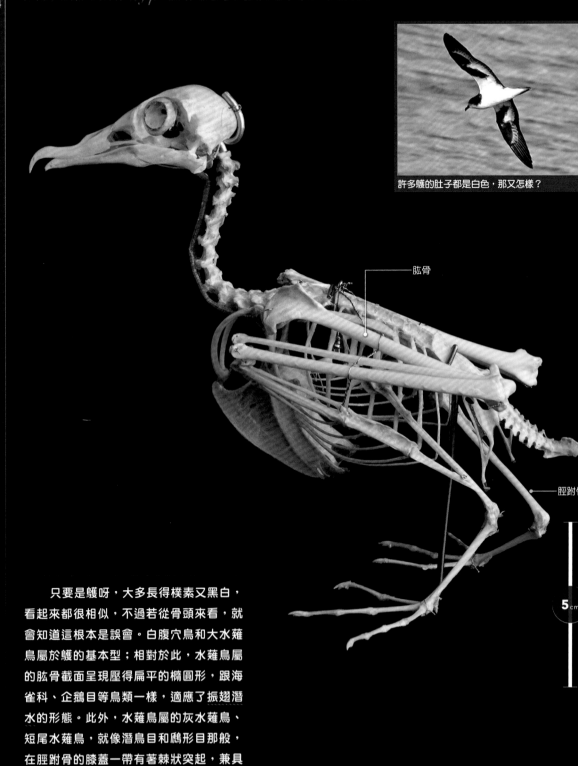

Bonin Petrel

# 白腹穴鳥
*Pterodroma hypoleuca*

許多鸌的肚子都是白色，那又怎樣？

肱骨

脛跗骨

5 cm

　　只要是鸌呀，大多長得樸素又黑白，看起來都很相似，不過若從骨頭來看，就會知道這根本是誤會。白腹穴鳥和大水薙鳥屬於鸌的基本型；相對於此，水薙鳥屬的肱骨截面呈現壓得扁平的橢圓形，跟海雀科、企鵝目等鳥類一樣，適應了振翅潛水的形態。此外，水薙鳥屬的灰水薙鳥、短尾水薙鳥，就像潛鳥目和鷿鷈目那般，在脛跗骨的膝蓋一帶有著棘狀突起，兼具划腳潛水型的特性。鳥兒們各自有著獨特的型態。

# 大水薙鳥
Streaked Shearwater

*Calonectris leucomelas*

大水薙鳥擁有長長的翅膀，能夠發揮高度的飛行能力，然而胸骨卻意外地小巧，這是因為牠們的飛行是以滑翔為主。鸌類的翅膀肌腱非常發達，在這個結構下，當肱骨逐漸遠離身體側面，肌腱的拉力就能讓整個翅膀自然地張開。大水薙鳥乘著風，一天內可以輕輕鬆鬆飛過數百公里，日常移動距離在鸌形目的鳥類之中遠得出眾。當然，牠們也會振翅飛行，但絕大部分都是利用海上吹來的風在滑翔。胸骨的小巧，正是飛行效率良好的佐證。

這種海鳥以在森林裡繁殖、登上樹木起飛而聞名，但就算沒有樹，要飛的時候還是會飛。

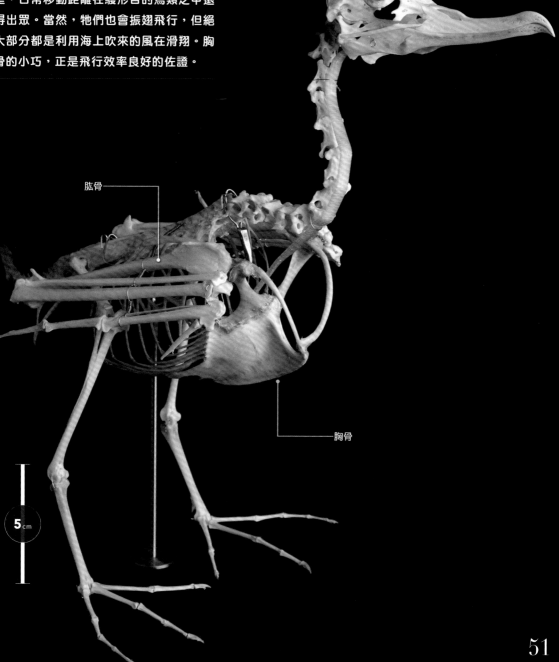

肱骨

胸骨

5 cm

# 灰藍叉尾海燕

Fork-tailed Storm Petrel

*Oceanodroma furcata*

在千島群島以北繁殖的小型海鳥。海燕比鸌更常振翅。

　　海燕是迷你版的鸌。隨著身體更輕，各部位的構造也都設計得很苗條，骨頭之細引人矚目。住在海上的牠們，會吃浮游生物跟小型魚類等，表層海水裡的小動物。運氣夠好的話，應該還能弄到稍微大一點的食物，在這種時候，就必須將嘴巴張大才行。不只海燕類，鸌形目的鳥兒在嘴喙根基連接顱骨的部分，都是長成薄片狀，拜此所賜，這個部分成了可動範圍，得以將嘴巴張大。下顎骨的側面很薄，因此若一併撐大這個部分，嘴巴就能擴張。大東西也儘管放馬過來吧!!

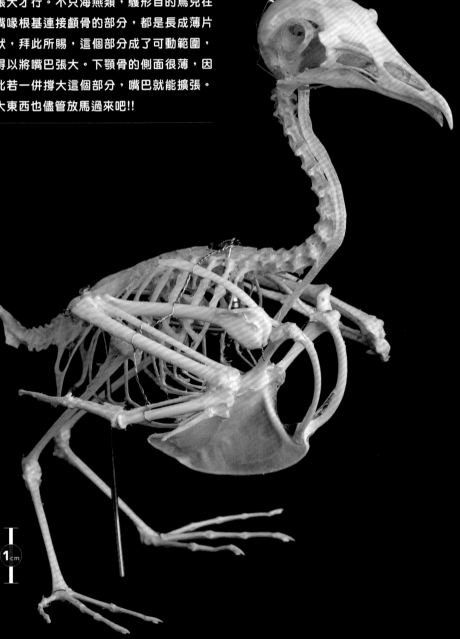

1 cm

# Brown Booby
# 白腹鰹鳥
*Sula leucogaster*

英文名「Booby」是「笨蛋」的意思，真是太過分了。

　　請注意顱骨。首先，嘴喙上該有的洞不見了。對，牠們沒有鼻孔，這是與普通鸕鶿（p.54）和丹氏鸕鶿（p.55）共通的特徵。之所以能夠每天每天不斷吃著生魚，就是因為感覺不到腥臭味。接下來，觀察嘴喙的根部，則會發現有著溝槽。這條溝槽橫亙於頭的本體與嘴喙之間，兩邊是以薄片狀骨頭相連著。這個結構發揮了關節般的功能，因此，鰹鳥的嘴喙可以從根部往上下彎折。拜此所賜，就算捕獲到大隻飛魚也不會掉落，能夠穩穩撐住。

有溝槽

5 cm

# Great Cormorant
# 普通鸕鷀
*Phalacrocorax carbo*

普通鸕鷀全年皆可繁殖，繁殖期則會依地區而異。

　　魚是水中的專家，為了捕魚，游泳技術就必須比魚還要靈巧。划腳潛水的代表物種鸊鷈類跟潛鳥類，脛跗骨的膝蓋部分皆有著尖刺般的突起，該突起是肌肉的附著部位，能產生出潛水所需的力量。另一方面，普通鸕鷀的膝蓋則很難說有什麼突起，乍看之下並沒有為了潛水而特化太多，但牠們其實也是潛水的行家之一。相較於小鸊鷈（p.37）和潛鳥，普通鸕鷀會飛到高空，也會停留在樹上。對日常生活的各個層面有著同等重視的普通鸕鷀，有可能也克制了型態上的特殊化。

5 cm

# 丹氏鸕鷀
## Japanese Cormorant
### *Phalacrocorax capillatus*

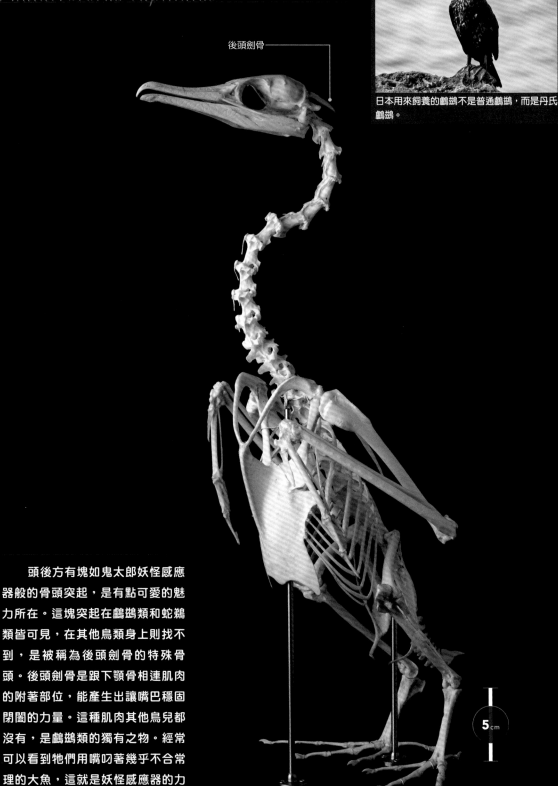

後頭劍骨

日本用來飼養的鸕鷀不是普通鸕鷀，而是丹氏鸕鷀。

5cm

頭後方有塊如鬼太郎妖怪感應器般的骨頭突起，是有點可愛的魅力所在。這塊突起在鸕鷀類和蛇鵜類皆可見，在其他鳥類身上則找不到，是被稱為後頭劍骨的特殊骨頭。後頭劍骨是跟下顎骨相連肌肉的附著部位，能產生出讓嘴巴穩固閉闔的力量。這種肌肉其他鳥兒都沒有，是鸕鷀類的獨有之物。經常可以看到牠們用嘴叼著幾乎不合常理的大魚，這就是妖怪感應器的力量呀！

# Great White Pelican
# 白鵜鶘
*Pelecanus onocrotalus*

碰到活生生的鵜鶘，目光總會忍不住投向下顎。在大大嘴巴的下方，有著寬闊的囊狀喉嚨，實在相當引人矚目。撐起這個喉囊的下顎骨，是由很能彎折的長骨頭所構成，可以左右彎曲而不斷裂。不過更值得注意的是上顎的骨頭，上喙的骨頭扮演著喉囊的蓋子，形狀有點像葉形魚板「笹蒲鉾」跟真烏賊的外殼加起來除以二，但若仔細觀察，會發現這塊骨頭上有著許多小洞，內部是膨糖般的結構，藉以達成輕量化。而我看著這塊骨頭，不知為何突然好想吃嬰兒米餅喔！

日文名為「桃色鵜鶘」，只有繁殖期會變成桃色；英文名則是「白色鵜鶘」。時不時會在沖繩出沒。

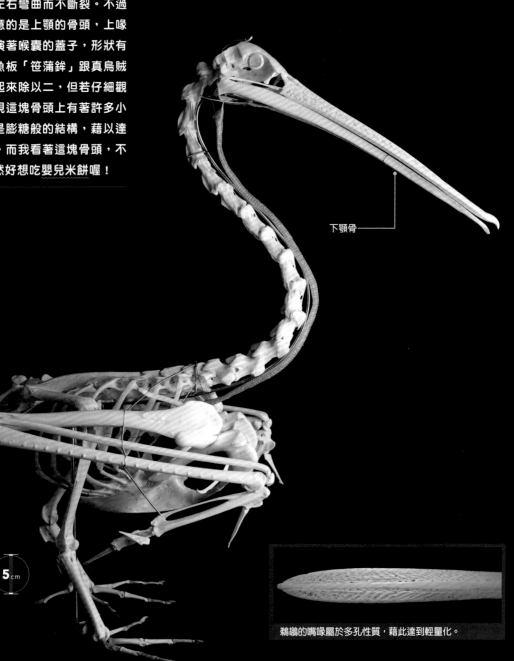

下顎骨

5cm

鵜鶘的嘴喙屬於多孔性質，藉此達到輕量化。

# Eurasian Bittern
# 大麻鷺
*Botaurus stellaris*

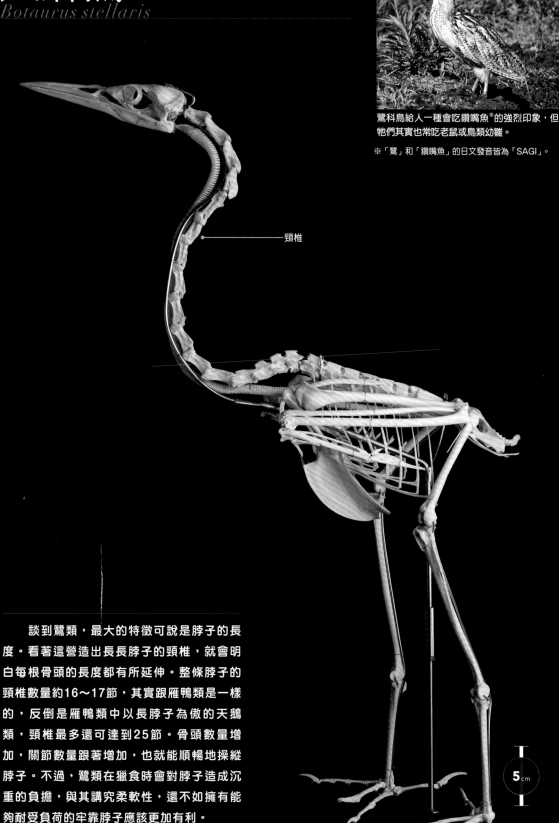

鷺科鳥給人一種會吃鑽嘴魚※的強烈印象，但
牠們其實也常吃老鼠或鳥類幼雛。

※「鷺」和「鑽嘴魚」的日文發音皆為「SAGI」。

頸椎

談到鷺類，最大的特徵可說是脖子的長度。看著這營造出長長脖子的頸椎，就會明白每根骨頭的長度都有所延伸。整條脖子的頸椎數量約16～17節，其實跟雁鴨類是一樣的，反倒是雁鴨類中以長脖子為傲的天鵝類，頸椎最多還可達到25節。骨頭數量增加，關節數量跟著增加，也就能順暢地操縱脖子。不過，鷺類在獵食時會對脖子造成沉重的負擔，與其講究柔軟性，還不如擁有能夠耐受負荷的牢靠脖子應該更加有利。

5cm

# 黃小鷺

Yellow Bittern

*Ixobrychus sinensis*

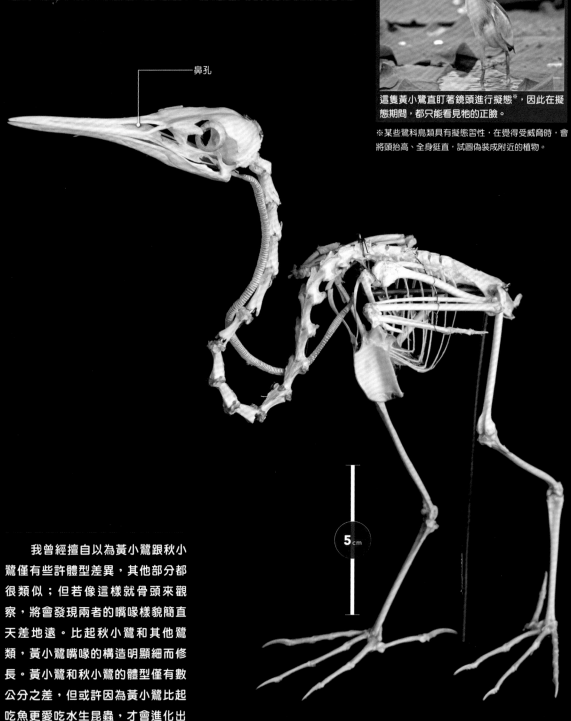

鼻孔

這隻黃小鷺直盯著鏡頭進行擬態※，因此在擬態期間，都只能看見牠的正臉。

※某些鷺科鳥類具有擬態習性，在覺得受威脅時，會將頭抬高、全身挺直，試圖偽裝成附近的植物。

5cm

　　我曾經擅自以為黃小鷺跟秋小鷺僅有些許體型差異，其他部分都很類似；但若像這樣就骨頭來觀察，將會發現兩者的嘴喙樣貌簡直天差地遠。比起秋小鷺和其他鷺類，黃小鷺嘴喙的構造明顯細而修長。黃小鷺和秋小鷺的體型僅有數公分之差，但或許因為黃小鷺比起吃魚更愛吃水生昆蟲，才會進化出精巧的細嘴喙，而非力道強勁的粗嘴喙。跟秋小鷺相比，黃小鷺鼻孔的前後長度也更長，說不定較有辦法靈巧地移動嘴喙。

# Von Schrenck's Bittern
# 秋小鷺
*Ixobrychus eurhythmus*

眼窩

秋小鷺的數量已極度減少,在日本幾乎沒有繁殖了。

秋小鷺是黃小鷺和麻鷺的同類,警覺時的姿勢會將嘴朝頭頂筆直延伸,彷彿指向天空的華盛頓紀念碑那般,這是擬態成樹枝以迴避獵食者的生活智慧。在這種時候,其嘴巴雖然朝著上方,眼睛卻會看著我們這裡。換言之,牠們是朝著下巴的下方,目光銳利地盯著看。當鳥巢裡的雛鳥一起做出這種行為,簡直就像是《嚕嚕米》(Moomin)作品裡的樹精(Hattifatteners)。從正面觀看鷺科的顱骨,會發現眼窩的上面部分很寬,越往下顎就越窄,這種結構在鶴及東方白鸛的身上是找不到的。拜此所賜,牠們才能夠進化成嚕嚕米的樹精呀!

5 cm

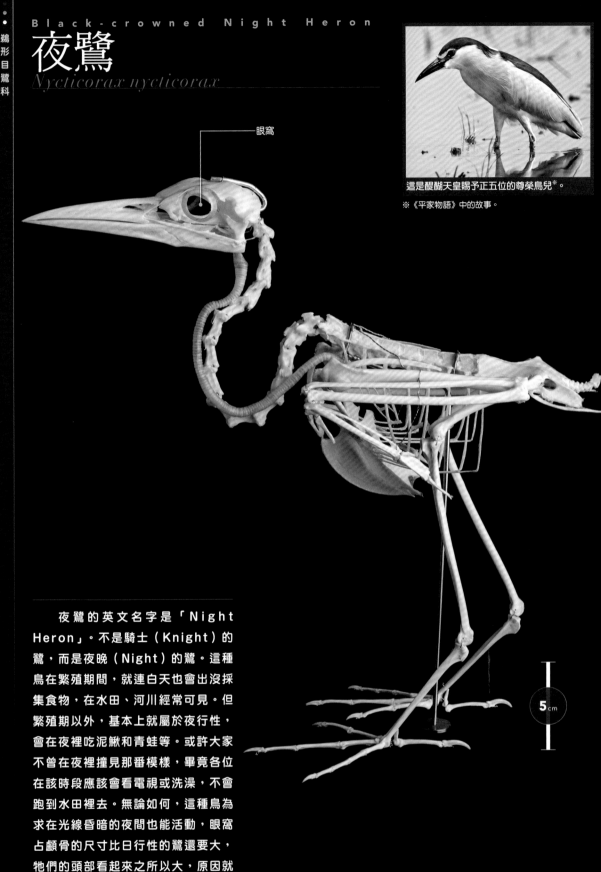

Black-crowned Night Heron

# 夜鷺
*Nycticorax nycticorax*

眼窩

這是醍醐天皇賜予正五位的尊榮鳥兒※。

※《平家物語》中的故事。

5cm

夜鷺的英文名字是「Night Heron」。不是騎士（Knight）的鷺，而是夜晚（Night）的鷺。這種鳥在繁殖期間，就連白天也會出沒採集食物，在水田、河川經常可見。但繁殖期以外，基本上就屬於夜行性，會在夜裡吃泥鰍和青蛙等。或許大家不曾在夜裡撞見那番模樣，畢竟各位在該時段應該會看電視或洗澡，不會跑到水田裡去。無論如何，這種鳥為求在光線昏暗的夜間也能活動，眼窩占顱骨的尺寸比日行性的鷺還要大，牠們的頭部看起來之所以大，原因就出在這裡。

# Striated Heron
# 綠簑鷺
*Butorides striata*

威嚴十足的兩眼直視，絕不放過盯上的獵物！

這是熊本縣水前寺公園的綠簑鷺，以會拿餌釣魚聞名。

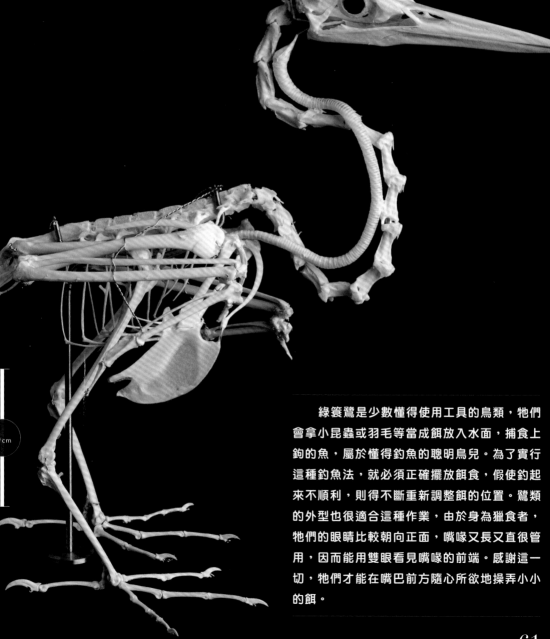

5cm

　　綠簑鷺是少數懂得使用工具的鳥類，牠們會拿小昆蟲或羽毛等當成餌放入水面，捕食上鉤的魚，屬於懂得釣魚的聰明鳥兒。為了實行這種釣魚法，就必須正確擺放餌食，假使釣起來不順利，則得不斷重新調整餌的位置。鷺類的外型也很適合這種作業，由於身為獵食者，牠們的眼睛比較朝向正面，嘴喙又長又直很管用，因而能用雙眼看見嘴喙的前端。感謝這一切，牠們才能在嘴巴前方隨心所欲地操弄小小的餌。

# Grey Heron
# 蒼鷺
*Ardea cinerea*

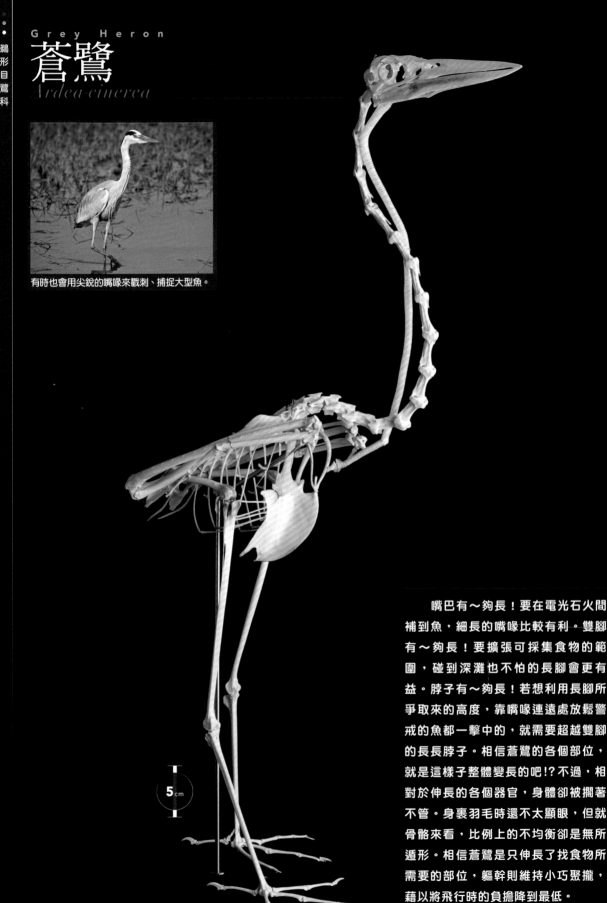

有時也會用尖銳的嘴喙來戳刺、捕捉大型魚。

**5**cm

嘴巴有～夠長！要在電光石火間補到魚，細長的嘴喙比較有利。雙腳有～夠長！要擴張可採集食物的範圍，碰到深灘也不怕的長腳會更有益。脖子有～夠長！若想利用長腳所爭取來的高度，靠嘴喙連遠處放鬆警戒的魚都一擊中的，就需要超越雙腳的長長脖子。相信蒼鷺的各個部位，就是這樣子整體變長的吧!?不過，相對於伸長的各個器官，身體卻被擱著不管。身裹羽毛時還不太顯眼，但就骨骼來看，比例上的不均衡卻是無所遁形。相信蒼鷺是只伸長了找食物所需要的部位，軀幹則維持小巧聚攏，藉以將飛行時的負擔降到最低。

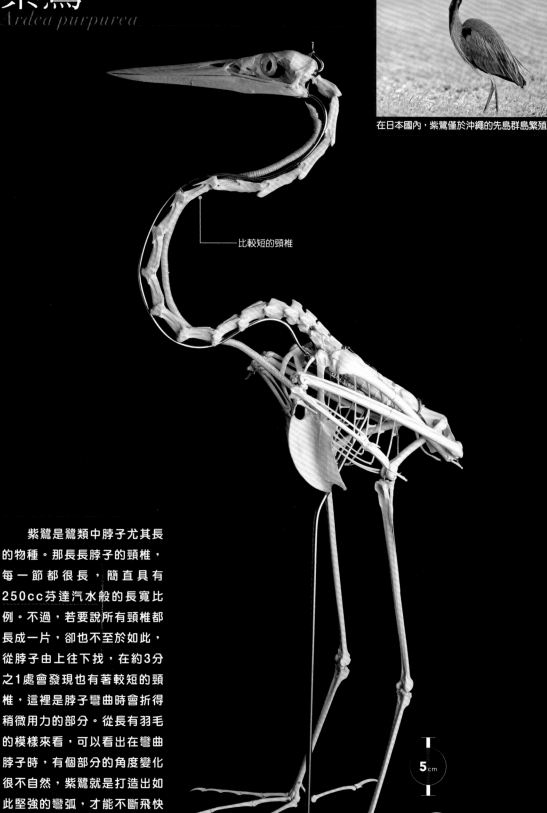

Purple Heron

# 紫鷺
*Ardea purpurea*

在日本國內，紫鷺僅於沖繩的先島群島繁殖。

—— 比較短的頸椎

紫鷺是鷺類中脖子尤其長的物種。那長長脖子的頸椎，每一節都很長，簡直具有250cc芬達汽水般的長寬比例。不過，若要說所有頸椎都長成一片，卻也不至於如此，從脖子由上往下找，在約3分之1處會發現也有著較短的頸椎，這裡是脖子彎曲時會折得稍微用力的部分。從長有羽毛的模樣來看，可以看出在彎曲脖子時，有個部分的角度變化很不自然，紫鷺就是打造出如此堅強的彎弧，才能不斷飛快地伸出脖子。

**5** cm

# 大白鷺
Great Egret

*Ardea alba*

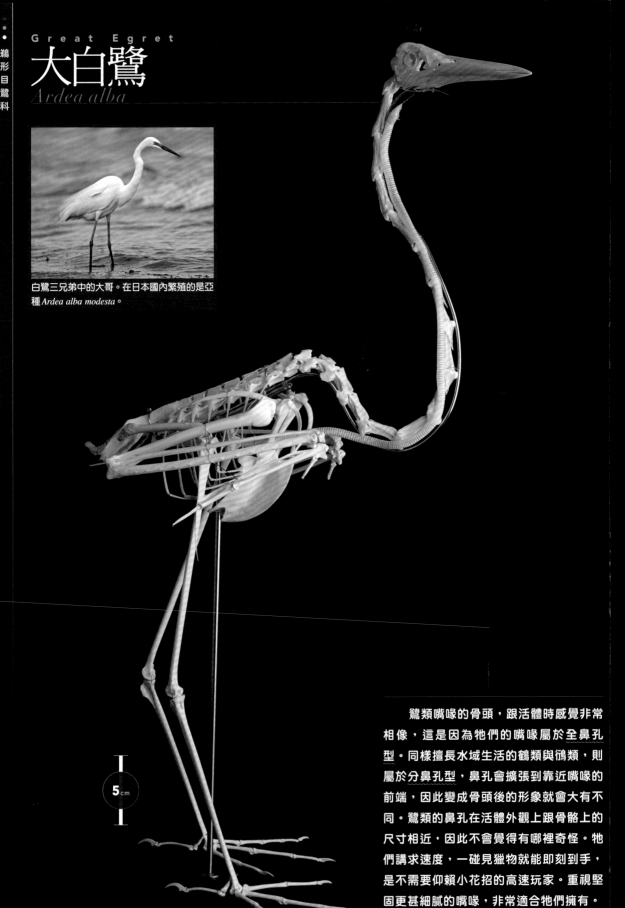

白鷺三兄弟中的大哥。在日本國內繁殖的是亞種*Ardea alba modesta*。

5cm

鷺類嘴喙的骨頭，跟活體時感覺非常相像，這是因為牠們的嘴喙屬於全鼻孔型。同樣擅長水域生活的鶴類與鸛類，則屬於分鼻孔型，鼻孔會擴張到靠近嘴喙的前端，因此變成骨頭後的形象就會大有不同。鷺類的鼻孔在活體外觀上跟骨骼上的尺寸相近，因此不會覺得有哪裡奇怪。牠們講求速度，一碰見獵物就能即刻到手，是不需要仰賴小花招的高速玩家。重視堅固更甚細膩的嘴喙，非常適合牠們擁有。

# 中白鷺
Intermediate Egret
*Egretta intermedia*

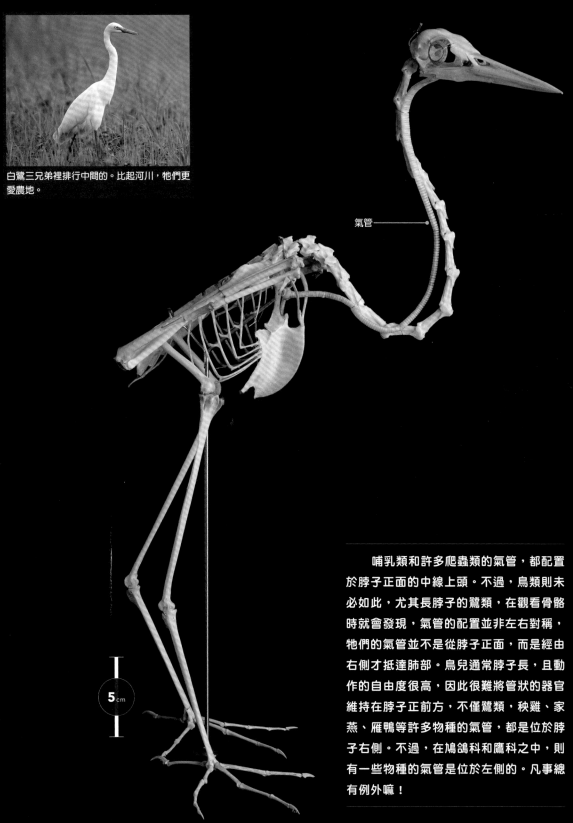

白鷺三兄弟裡排行中間的。比起河川，牠們更愛農地。

氣管————

哺乳類和許多爬蟲類的氣管，都配置於脖子正面的中線上頭。不過，鳥類則未必如此，尤其長脖子的鷺類，在觀看骨骼時就會發現，氣管的配置並非左右對稱，牠們的氣管並不是從脖子正面，而是經由右側才抵達肺部。鳥兒通常脖子長，且動作的自由度很高，因此很難將管狀的器官維持在脖子正前方，不僅鷺類，秧雞、家燕、雁鴨等許多物種的氣管，都是位於脖子右側。不過，在鳩鴿科和鷹科之中，則有一些物種的氣管是位於左側的。凡事總有例外嘛！

5 cm

# Little Egret
# 小白鷺
*Egretta garzetta*

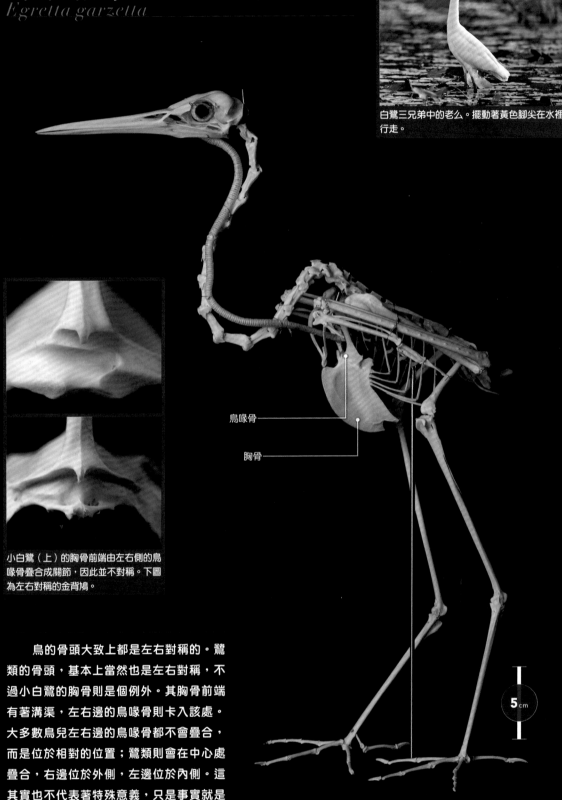

白鷺三兄弟中的老么。擺動著黃色腳尖在水裡行走。

鳥喙骨

胸骨

小白鷺（上）的胸骨前端由左右側的鳥喙骨疊合成關節，因此並不對稱。下圖為左右對稱的金背鳩。

5cm

　　鳥的骨頭大致上都是左右對稱的。鷺類的骨頭，基本上當然也是左右對稱，不過小白鷺的胸骨則是個例外。其胸骨前端有著溝渠，左右邊的鳥喙骨則卡入該處。大多數鳥兒左右邊的鳥喙骨都不會疊合，而是位於相對的位置；鷺類則會在中心處疊合，右邊位於外側，左邊位於內側。這其實也不代表著特殊意義，只是事實就是如此而已。

## 「骨骨有別」

骨頭標本的其中一種功用，就是可以判別物種。將不明物種拿來跟標本比對，就能找出類似的物種。這跟用圖鑑確認野鳥是一樣的。

雖然一樣，當中卻有個陷阱。

鳥是視覺的動物，在外表上的物種差異相當顯著。不過即便如此，也沒辦法連骨頭都貫徹始終，因此骨骼的物種差異相當小。就像本田汽車（HONDA）的MONKEY跟GORILLA車款那樣。

有時候，即使物種間的平均體型存在差異，物種內的個體差異卻大出許多。例如，大隻的小白鷺會比小隻的中白鷺還要大，這種情況就必須留意了。如果只收藏了小白鷺跟中白鷺平均體型的骨頭，說不定就會把大隻小白鷺的骨頭誤判為中白鷺。

單一個體的骨頭，攜有的情報相當有限。即使是同一物種，也應該要收集許多套標本，這可不是單純的興趣而已喔！

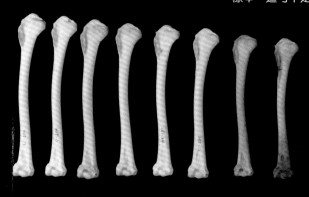

小白鷺和中白鷺的肱骨。我試著把黃頭鷺也順手混進去，看得出哪排是哪個物種嗎？

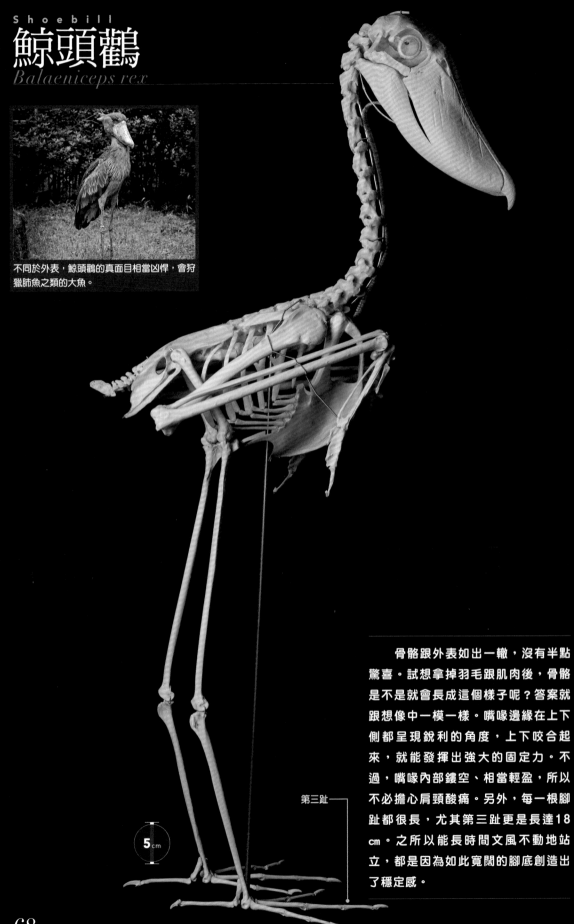

Shoebill
# 鯨頭鸛
*Balaeniceps rex*

不同於外表，鯨頭鸛的真面目相當凶悍，會狩獵肺魚之類的大魚。

第三趾

5cm

骨骼跟外表如出一轍，沒有半點驚喜。試想拿掉羽毛跟肌肉後，骨骼是不是就會長成這個樣子呢？答案就跟想像中一模一樣。嘴喙邊緣在上下側都呈現銳利的角度，上下咬合起來，就能發揮出強大的固定力。不過，嘴喙內部鏤空、相當輕盈，所以不必擔心肩頸酸痛。另外，每一根腳趾都很長，尤其第三趾更是長達18cm。之所以能長時間文風不動地站立，都是因為如此寬闊的腳底創造出了穩定感。

# White-naped Crane

# 白枕鶴
*Grus vipio*

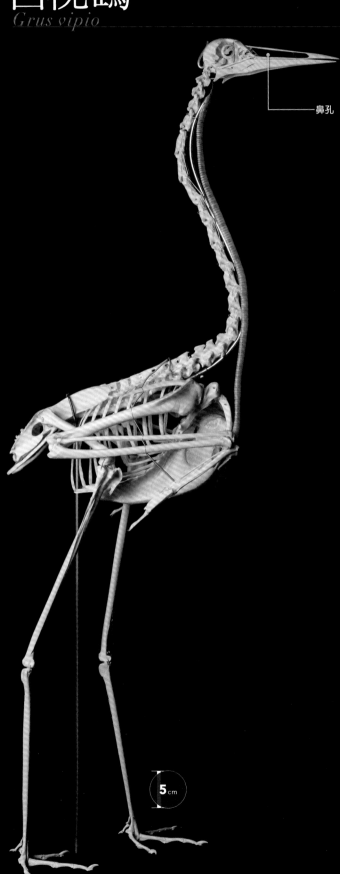

鼻孔

在鶴類之中算是味道很棒，據說一直到江戶時代，都經常被拿來食用。

蒼鷺的顱骨。注意看鼻孔的大小！

　　鶴跟鷺的腳、脖子、嘴巴都很長，會讓你覺得形狀相當類似。請再重新檢視一次。仔細比較過後，相信你會發現一個巨大的差別。沒錯，鷺科的嘴喙上開著全鼻孔型的小鼻孔，而鶴則是分鼻孔型的寬闊鼻孔，這個特徵必須化為骨骼才能發現。鼻孔若小，嘴喙就會牢固；鼻孔若大，嘴喙則能夠柔軟而細膩地移動。不同於在水域鎖定大魚的鷺，鶴會在地面上靈巧地食用昆蟲、果實等小東西，這就是食物差異造就了外型不同的例子。

5 cm

Red-crowned Crane

# 丹頂鶴
*Grus japonensis*

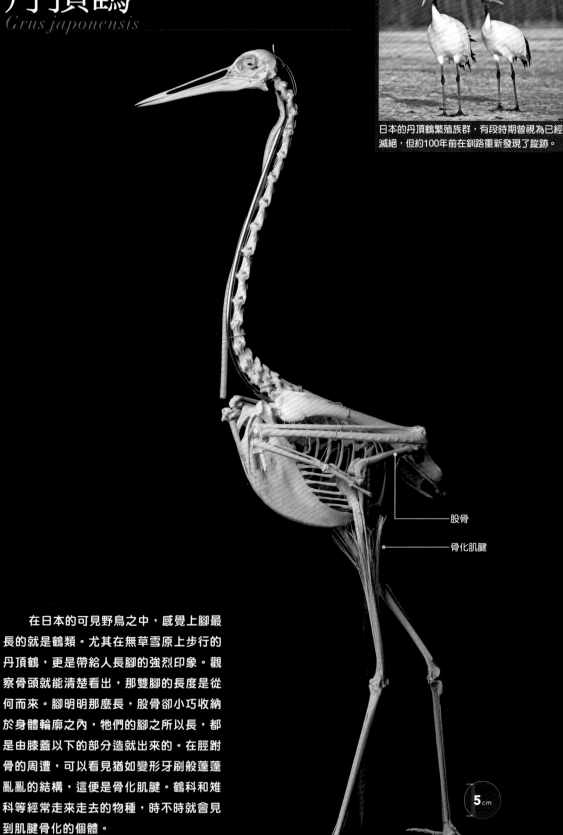

日本的丹頂鶴繁殖族群，有段時期曾視為已經
滅絕，但約100年前在釧路重新發現了蹤跡。

股骨

骨化肌腱

5 cm

　　在日本的可見野鳥之中，感覺上腳最
長的就是鶴類。尤其在無草雪原上步行的
丹頂鶴，更是帶給人長腳的強烈印象。觀
察骨頭就能清楚看出，那雙腳的長度是從
何而來。腳明明那麼長，股骨卻小巧收納
於身體輪廓之內，牠們的腳之所以長，都
是由膝蓋以下的部分造就出來的。在脛跗
骨的周遭，可以看見猶如變形牙刷般蓬蓬
亂亂的結構，這便是骨化肌腱。鶴科和雉
科等經常走來走去的物種，時不時就會見
到肌腱骨化的個體。

# 簑羽鶴

## Demoiselle Crane

*Anthropoides virgo*

這種鶴以橫越喜馬拉雅山而聞名，有時還會飛到海拔8000m高之處。

氣管鑽入胸骨內部

　　氣管是連接嘴巴和肺，用來吸氣與排氣的管道。薩克的動力管位於嘴巴的左右兩側，鳥的氣管則是從喉嚨直線往下，按例會在進入肺之前分岔成兩條。不過鶴的氣管則是在還沒岔成兩條之前，鑽進胸骨的內部。氣管進入鏤空的龍骨突內側，在內部旋繞，其後再朝體內鑽出。簑羽鶴會發出聽起來像「咖啦哭嚕」的巨大叫聲彼此溝通，長長延伸的氣管會將振動傳遞給胸骨，將軀幹當成共鳴器官。

5cm

Slaty-legged Crake

# 灰腳秧雞

*Rallina eurizonoides*

在沖繩的夜裡，如果聽見「噗──噗──」的叫聲，就是這種鳥的聲音。

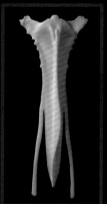

秧雞胸骨的寬度很窄。為了替胸肌附著部位爭取空間，龍骨突很高。

胸骨

1cm

雖然從側面看不太出來，秧雞科的鳥類胸骨其實非常窄。從側面觀看，牠們的模樣有如森永製菓巧克力球的吉祥物大嘴鳥；但從正面觀看，卻纖瘦到驚人的程度，原因就出在這塊胸骨。在秧雞科當中，灰腳秧雞的胸骨寬度尤其狹窄，另外，自胸骨兩側朝後方呈枝枒狀延伸的支柱相當長，因此正面的樣貌有點像是T2噬菌體。除此之外，也很像菲利浦·史塔克所設計的榨檸檬器。

# Okinawa Rail
# 沖繩秧雞
*Gallirallus okinawae*

1981年發現的新物種，僅棲息於沖繩島北部。

龍骨突

　　鳥類的飛行肌肉是由屹立的龍骨突支撐著，因此若飛行肌肉很大塊，龍骨突也會變大。相反地，若是不會飛的鳥，龍骨突則會縮小。秧雞類往全球的島嶼發展，在各處產生了不飛行的趨勢，沖繩秧雞就是其中一種。不飛行的話，擁有大塊胸肌只會徒增風險，若將肌肉跟骨骼都縮小，原本消耗的能量就可以轉用於繁殖等其他目的，沖繩秧雞是目前日本國內唯一展現此種進化的活體教科書。

1 cm

# 普通秧雞
*Rallus aquaticus*

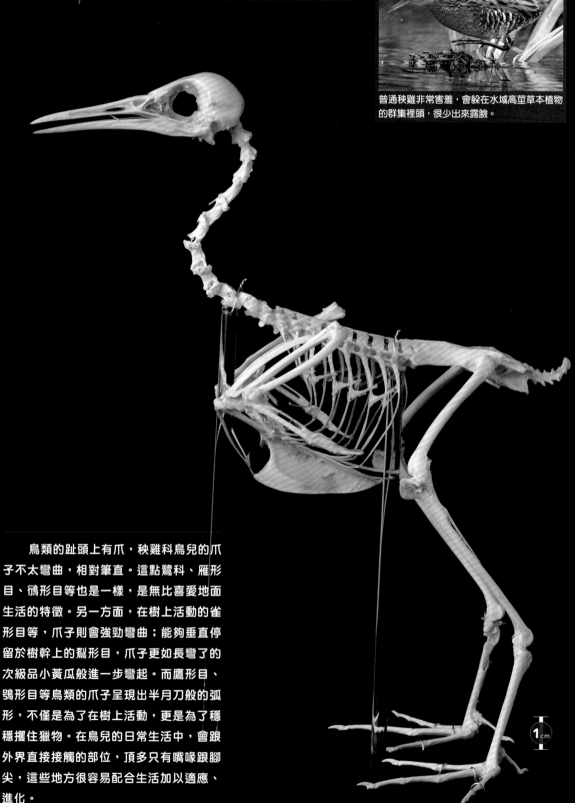

普通秧雞非常害羞，會躲在水域高莖草本植物的群集裡頭，很少出來露臉。

　　鳥類的趾頭上有爪，秧雞科鳥兒的爪子不太彎曲，相對筆直。這點鷺科、雁形目、鴴形目等也是一樣，是無比喜愛地面生活的特徵。另一方面，在樹上活動的雀形目等，爪子則會強勁彎曲；能夠垂直停留於樹幹上的鴷形目，爪子更如長彎了的次級品小黃瓜般進一步彎起。而鷹形目、鴞形目等鳥類的爪子呈現出半月刀般的弧形，不僅是為了在樹上活動，更是為了穩穩擭住獵物。在鳥兒的日常生活中，會跟外界直接接觸的部位，頂多只有嘴喙跟腳尖，這些地方很容易配合生活加以適應、進化。

1 cm

# 白腹秧雞

*Amaurornis phoenicurus*

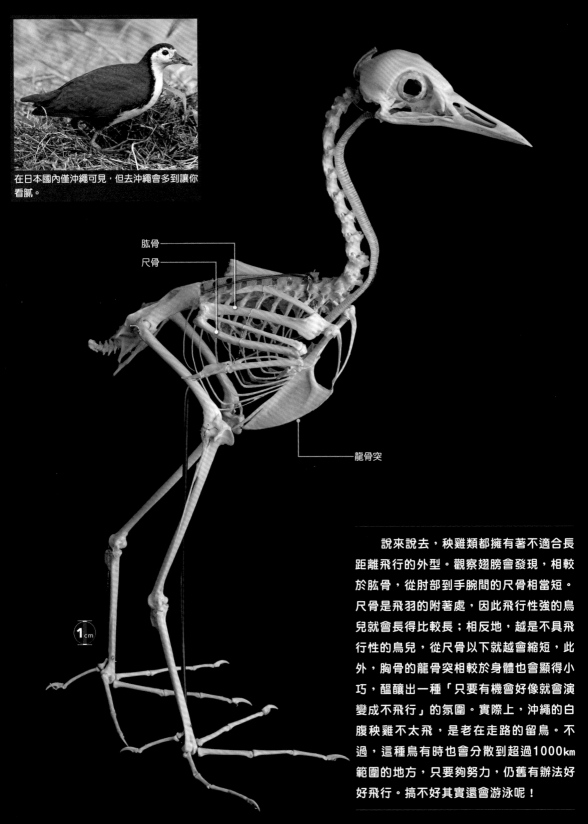

在日本國內僅沖繩可見,但去沖繩會多到讓你看膩。

肱骨

尺骨

龍骨突

1 cm

　　說來說去,秧雞類都擁有著不適合長距離飛行的外型。觀察翅膀會發現,相較於肱骨,從肘部到手腕間的尺骨相當短。尺骨是飛羽的附著處,因此飛行性強的鳥兒就會長得比較長;相反地,越是不具飛行性的鳥兒,從尺骨以下就越會縮短,此外,胸骨的龍骨突相較於身體也會顯得小巧,醞釀出一種「只要有機會好像就會演變成不飛行」的氛圍。實際上,沖繩的白腹秧雞不太飛,是老在走路的留鳥。不過,這種鳥有時也會分散到超過1000km範圍的地方,只要夠努力,仍舊有辦法好好飛行。搞不好其實還會游泳呢!

# 紅冠水雞

Common Moorhen

*Gallinula chloropus*

紅冠水雞在游泳時會上下搖動尾巴，展露白斑當成誘惑。

變成骨骼之後，羽毛、肌肉等營造外觀尺寸的軟組織都不見了，因此上半身的分量變得很虛。另一方面，從膝蓋以下原本就沒有太多肌肉或羽毛，大小因而沒什麼改變。從骨骼的角度看來，紅冠水雞腳接觸地面的廣度就被襯托出來了。牠們會在濕地、泥巴等難以立足之處悠悠行走，之所以不會陷進去，就是因為有著此種能夠分散體重的寬闊腳底。話又說回來，人類只要穿著T恤就能劃分出上半身的範圍，但鳥又該從哪邊劃分呢？總覺得膝蓋往上就算上半身，大家覺得如何？

1 cm

# Eurasian Coot
# 白冠雞
*Fulica atra*

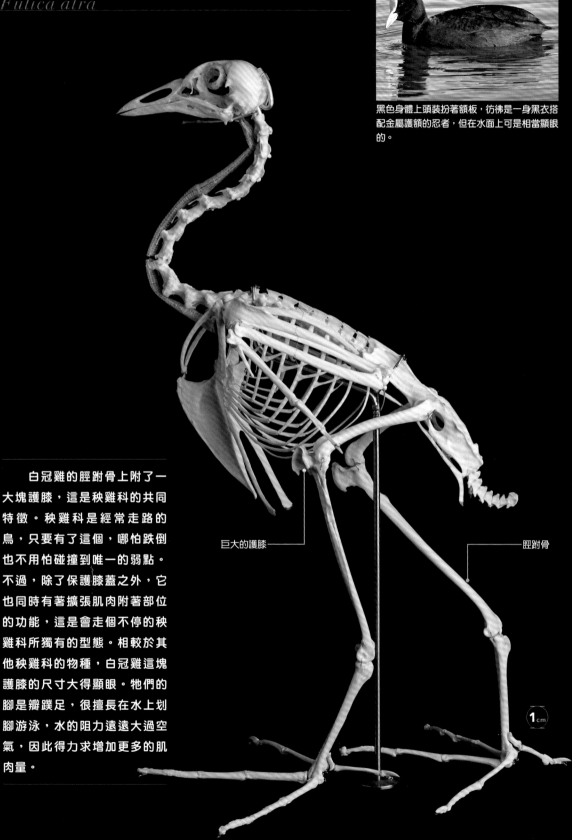

黑色身體上頭裝扮著額板，彷彿是一身黑衣搭配金屬護額的忍者，但在水面上可是相當顯眼的。

　　白冠雞的脛跗骨上附了一大塊護膝，這是秧雞科的共同特徵。秧雞科是經常走路的鳥，只要有了這個，哪怕跌倒也不用怕碰撞到唯一的弱點。不過，除了保護膝蓋之外，它也同時有著擴張肌肉附著部位的功能，這是會走個不停的秧雞科所獨有的型態。相較於其他秧雞科的物種，白冠雞這塊護膝的尺寸大得顯眼。牠們的腳是瓣蹼足，很擅長在水上划腳游泳，水的阻力遠遠大過空氣，因此得力求增加更多的肌肉量。

巨大的護膝

脛跗骨

**1**cm

77

# 大鴇
*Otis tarda*

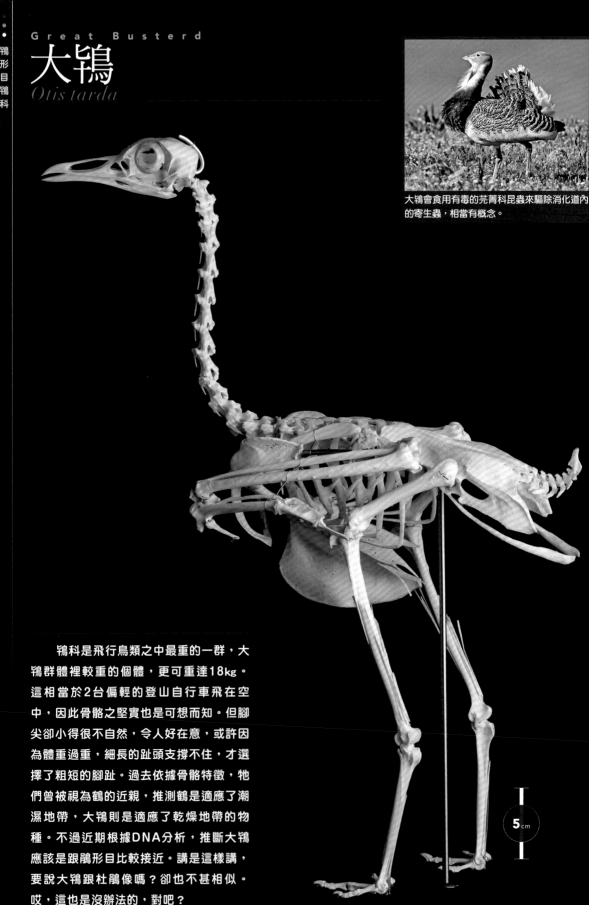

大鴇會食用有毒的芫菁科昆蟲來驅除消化道內的寄生蟲，相當有概念。

　　鴇科是飛行鳥類之中最重的一群，大鴇群體裡較重的個體，更可重達18kg。這相當於2台偏輕的登山自行車飛在空中，因此骨骼之堅實也是可想而知。但腳尖卻小得很不自然，令人好在意，或許因為體重過重，細長的趾頭支撐不住，才選擇了粗短的腳趾。過去依據骨骼特徵，牠們曾被視為鶴的近親，推測鶴是適應了潮濕地帶，大鴇則是適應了乾燥地帶的物種。不過近期根據DNA分析，推斷大鴇應該是跟鵑形目比較接近。講是這樣講，要說大鴇跟杜鵑像嗎？卻也不甚相似。哎，這也是沒辦法的，對吧？

**5**cm

# 北方中杜鵑
Oriental Cuckoo
*Cuculus optatus*

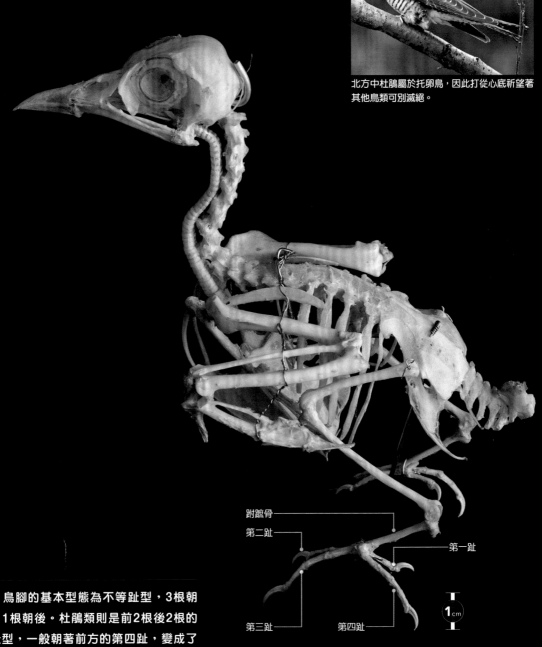

北方中杜鵑屬於托卵鳥,因此打從心底祈望著其他鳥類可別滅絕。

對蹠骨
第二趾
第一趾
第三趾
第四趾

**1** cm

鳥腳的基本型態為不等趾型,3根朝前,1根朝後。杜鵑類則是前2根後2根的對趾型,一般朝著前方的第四趾,變成了朝向後方。對蹠骨是趾頭的根部,若是不等趾型,第四趾附著的部分形狀會像是滑輪,只方便朝前後方向移動;另一方面,杜鵑類則長成了圓形的關節,相信應是放棄掉滑輪,原本固定朝前的第四趾,才得以朝向後方。另外,啄木鳥和鸚鵡類也都是對趾型。

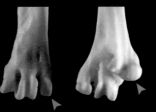

北方中杜鵑對蹠骨第四趾的關節呈圓球狀,具有高度的可動性(右)。左為松鴉。

# 大杜鵑

Common Cuckoo

*Cuculus canorus*

　　胸骨上有各式各樣的突起，結構相當複雜，因此每個群體都各有特徵。從正面觀看大杜鵑的胸骨，形狀就如三味線撥片般往下開展，感覺能夠招來好運，普通夜鷹和叉尾雨燕（p.82）等，也都有著類似的形狀，看起來在血緣上很接近。這些鳥類的同類在分類時經常被放得很近，使這層猜想變得更加強烈。不過經過DNA分析，牠們的血緣卻沒有那麼接近，或許是大杜鵑和夜鷹在行為上有某些共通點，才都變成了這樣。

亦有一說，杜鵑之所以托卵，是因為自身的體溫會大幅變動，孵卵效率不佳。

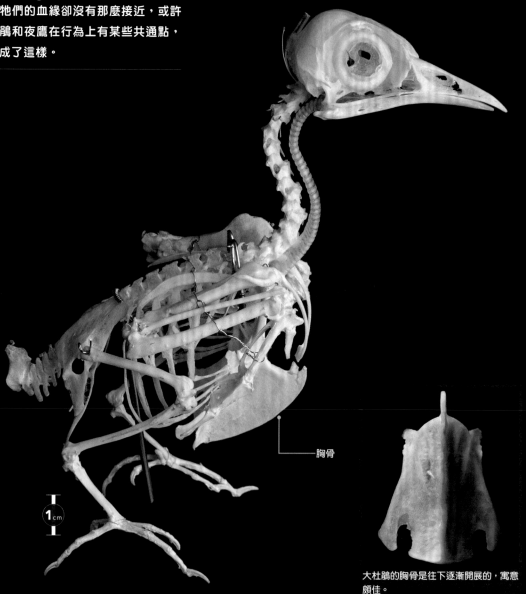

胸骨

1cm

大杜鵑的胸骨是往下逐漸開展的，寓意頗佳。

# 普通夜鷹

## Jungle Nightjar
### *Caprimulgus indicus*

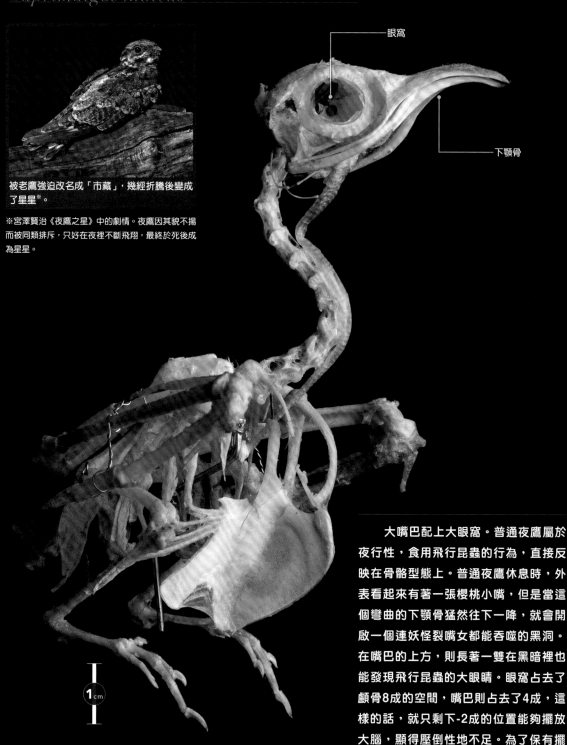

眼窩

下顎骨

被老鷹強迫改名成「市藏」，幾經折騰後變成了星星※。

※宮澤賢治《夜鷹之星》中的劇情。夜鷹因其貌不揚而被同類排斥，只好在夜裡不斷飛翔，最終於死後成為星星。

1 cm

　　大嘴巴配上大眼窩。普通夜鷹屬於夜行性，食用飛行昆蟲的行為，直接反映在骨骼型態上。普通夜鷹休息時，外表看起來有著一張櫻桃小嘴，但是當這個彎曲的下顎骨猛然往下一降，就會開啟一個連妖怪裂嘴女都能吞噬的黑洞。在嘴巴的上方，則長著一雙在黑暗裡也能發現飛行昆蟲的大眼睛。眼窩占去了顱骨8成的空間，嘴巴則占去了4成，這樣的話，就只剩下-2成的位置能夠擺放大腦，顯得壓倒性地不足。為了保有擺放大腦的空間，因而變成了小身大頭，之所以擁有眼大頭大的可愛外表，背後其實有著這樣的緣由。

# 叉尾雨燕

Pacific Swift

*Apus pacificus*

邊飛邊吃，邊飛邊睡。學名中*Apus*的意思是「沒有腳」。

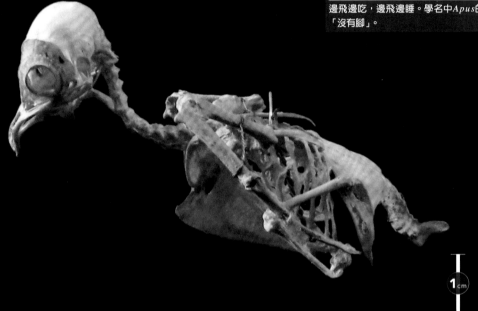

1cm

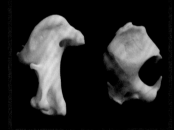

叉尾雨燕的肱骨（左）與東日本鼯鼠的肱骨（右）

　　像肱骨這般細長的骨頭稱為管骨，但叉尾雨燕的肱骨很不符合這個稱號。畢竟這塊骨頭就像鼯鼠的肱骨那般，不具有居中連接的管子，徒剩兩塊骨骺板。這就好比北海道的隔壁已經是沖繩了，本州是跑到哪裡去了呀？會高速飛來飛去的空中專家，必須將胸肌產生出的肌力順暢地傳向翅膀，帶有飛羽的部分是肘部以下，上臂則不會有，因此叉尾雨燕才會將那一段省略掉，以求提升翅膀的操作性。另外，看見那短短的骨頭很想說聲：「好短啊！」但寫成「好短啊！」總覺得還不到位，不如寫成「好短ㄚ！」來得更好。可能只有我會這樣想吧？

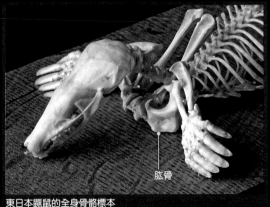

肱骨

東日本鼯鼠的全身骨骼標本

# 黑帶尾蜂鳥
*Lesbia victoriae*

蜂鳥類的體溫在夜間會降到20度以下，可以降低代謝率。

1cm

─龍骨突

　　蜂鳥類享受著「最小的鳥」的稱號。在想像中，比起大型鳥，小型鳥受到較小的重力影響，飛行時應該可以比較省力。不過，蜂鳥卻選擇了荊棘叢生的道路，那就是每秒超過50次、超高速振翅的懸停飛行。拜此所賜，蜂鳥成了唯一能夠退後飛行的鳥類。另外，一般的振翅在翅膀拍下時可以獲得推進力，蜂鳥則是連往上提的時候也能獲得推進力，這種令人驚奇的飛行技術，需要比身體還要大塊的飛行肌肉。在身體前方不自然地突出的大塊龍骨突，正是飛行肌肉的附著部位。這就是神乎其技的代價！

# 小辮鴴
*Vanellus vanellus*

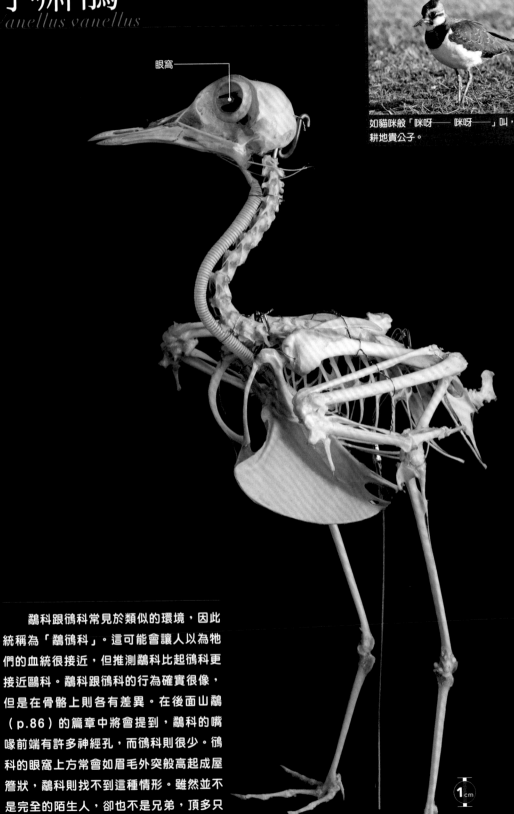

眼窩

如貓咪般「咪呀——咪呀——」叫，可愛的農耕地貴公子。

鷸科跟鴴科常見於類似的環境，因此統稱為「鷸鴴科」。這可能會讓人以為牠們的血統很接近，但推測鷸科比起鴴科更接近鷗科。鷸科跟鴴科的行為確實很像，但是在骨骼上則各有差異。在後面山鷸（p.86）的篇章中將會提到，鷸科的嘴喙前端有許多神經孔，而鴴科則很少。鴴科的眼窩上方常會如眉毛外突般高起成屋簷狀，鷸科則找不到這種情形。雖然並不是完全的陌生人，卻也不是兄弟，頂多只

**1**cm

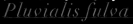
# 太平洋金斑鴴
## Pacific Golden Plover
*Pluvialis fulva*

夏天的羽毛會從臉一路黑到肚子，彷彿打板羽球輸了之後被塗墨處罰一般。

1 cm

　　鴴科跟鷸科都會在淺灘、水田等處並肩採集食物，是一群很低調的鳥兒。不過極大的差異在於，鴴科嘴喙的多樣性偏低，且腳部的第一趾已經消失。朝向後方的第一趾，最初應是為了在樹上抓住枝枒才進化出來的，就這一點而言，生活在地面的鴴第一趾會消失，想來也算合情合理。不過，秧雞科、鷺科等則都保留著第一趾，它可以增加跟地面的接觸面積，具有在泥濘中提升穩定性的效用。推測由於鴴科的身體比牠們都輕，因此就算在軟爛的地面上，腳也不容易往下沉。

Eurasian Woodcock

# 山鷸
*Scolopax rusticola*

眼窩

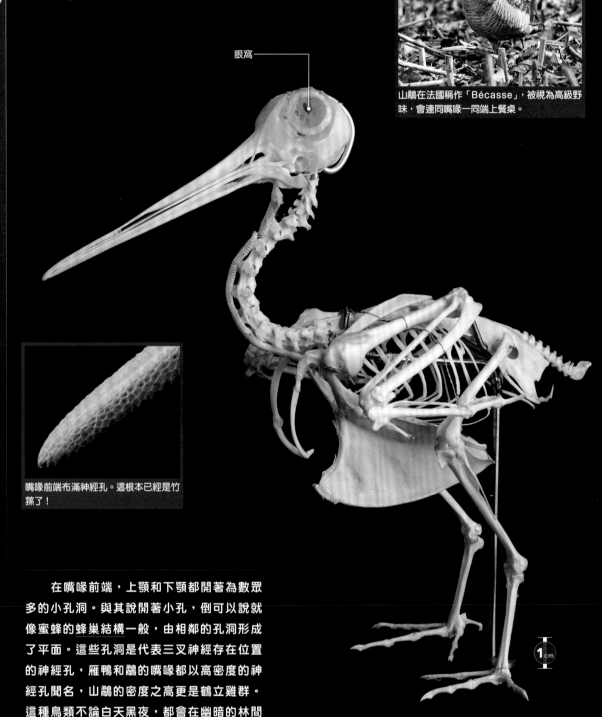

山鷸在法國稱作「Bécasse」，被視為高級野味，會連同嘴喙一同端上餐桌。

嘴喙前端布滿神經孔。這根本已經是竹蓀了！

在嘴喙前端，上顎和下顎都開著為數眾多的小孔洞。與其說開著小孔，倒可以說就像蜜蜂的蜂巢結構一般，由相鄰的孔洞形成了平面。這些孔洞是代表三叉神經存在位置的神經孔，雁鴨和鷸的嘴喙都以高密度的神經孔聞名，山鷸的密度之高更是鶴立雞群。這種鳥類不論白天黑夜，都會在幽暗的林間採食，而且食物還是位於土壤底下的土壤動物。嘴喙僅靠著觸覺來搜尋食物，那可不像筷子或鑷子般的無機物，而是跟手指一樣的感覺器官。

1 cm

# Snipe
# 田鷸
*Gallinago gallinago*

在法國稱為「Bécassine」，不意外還是會端上餐桌。

眼窩

1 cm

　　圓滾滾的頭，配上長而筆直的嘴巴，田鷸的模樣跟山鷸很像，眼睛位在頭部的正側面也是一個特徵。不過山鷸看起來稍微可愛一些，應該是因為頭比田鷸來得大吧。田鷸跟山鷸都會不分晝夜地活動，但田鷸比較喜歡開放式環境，因此眼球尺寸比山鷸小、頭也稍小一點就夠用了。順帶一提，田鷸跟山鷸還有另一個共通點：都是獵人的目標。去到野味型的烤雞肉串店家，運氣夠好的話，應該有機會兩種都吃到，可以比較看看。

# 赤足鷸

*Tringa totanus*

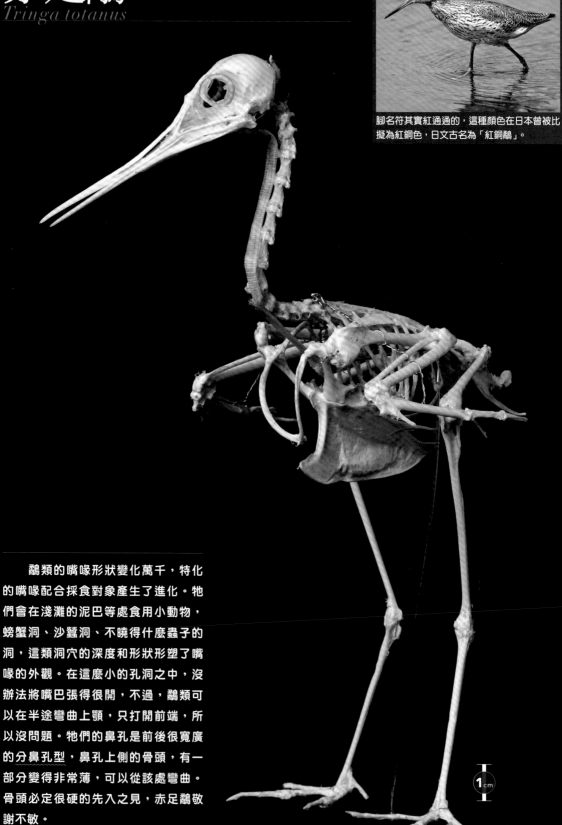

腳名符其實紅通通的，這種顏色在日本曾被比擬為紅銅色，日文古名為「紅銅鷸」。

　　鷸類的嘴喙形狀變化萬千，特化的嘴喙配合採食對象產生了進化。牠們會在淺灘的泥巴等處食用小動物，螃蟹洞、沙蠶洞、不曉得什麼蟲子的洞，這類洞穴的深度和形狀形塑了嘴喙的外觀。在這麼小的孔洞之中，沒辦法將嘴巴張得很開，不過，鷸類可以在半途彎曲上顎，只打開前端，所以沒問題。牠們的鼻孔是前後很寬廣的分鼻孔型，鼻孔上側的骨頭，有一部分變得非常薄，可以從該處彎曲。骨頭必定很硬的先入之見，赤足鷸敬謝不敏。

1 cm

# 白腰草鷸

*Tringa ochropus*

日文名「KUSASHIGI」,並不是指有臭味
(KUSAI)。據說是因為牠們都待在草地
(KUSACHI),不會來到淺灘。

在太平洋金斑鴴(p.85)的篇章中曾經寫到,雖然短歸短,鷸科身上還是留有第一趾。鳥的特徵是第一趾會跟其他趾朝著相反方向,推測這是為了在樹上握住樹枝所產生的進化。另一方面,鷸類總是在地面生活,半次也沒看過牠們停留在樹枝上之類。就如同日本「傳統雪鞋」增加接觸面積的效果那般,秧雞科和鷺科也是藉此避免讓腳沉入淺灘,因此或許留下第一趾還是有意義的。不過,若是為了這種用途,鷸科的第一趾也未免太短了。我們所目睹的,說不定是第一趾邁向完全消失的進化過程。

第一趾

1 cm

89

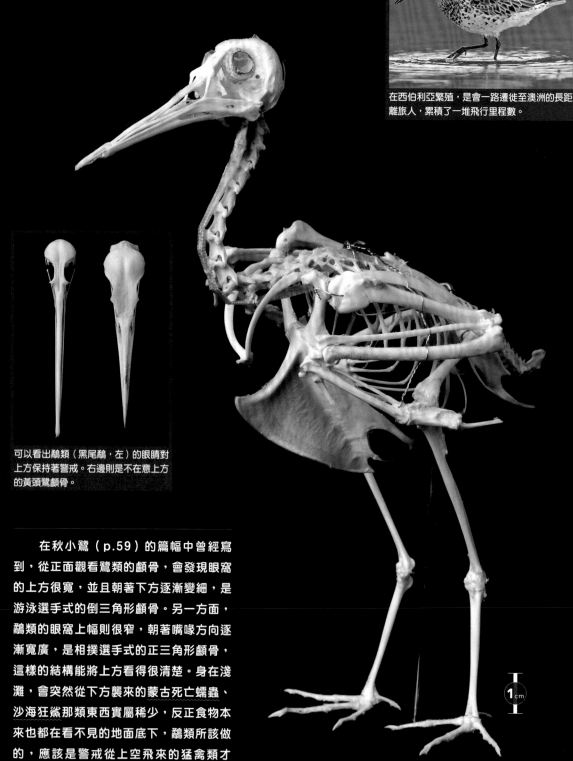

# 大濱鷸
*Calidris tenuirostris*

在西伯利亞繁殖，是會一路遷徙至澳洲的長距離旅人，累積了一堆飛行里程數。

可以看出鷸類（黑尾鷸，左）的眼睛對上方保持著警戒。右邊則是不在意上方的黃頭鷺顱骨。

　　在秋小鷺（p.59）的篇幅中曾經寫到，從正面觀看鷺類的顱骨，會發現眼窩的上方很寬，並且朝著下方逐漸變細，是游泳選手式的倒三角形顱骨。另一方面，鷸類的眼窩上幅則很窄，朝著嘴喙方向逐漸寬廣，是相撲選手式的正三角形顱骨，這樣的結構能將上方看得很清楚。身在淺灘，會突然從下方襲來的蒙古死亡蠕蟲、沙海狂鯊那類東西實屬稀少，反正食物本來也都在看不見的地面底下，鷸類所該做的，應該是警戒從上空飛來的猛禽類才對。若能群體覓食，偵察出獵食者的力量還會更強。

1cm

# 紅嘴鷗

Black-headed Gull

*Larus ridibundus*

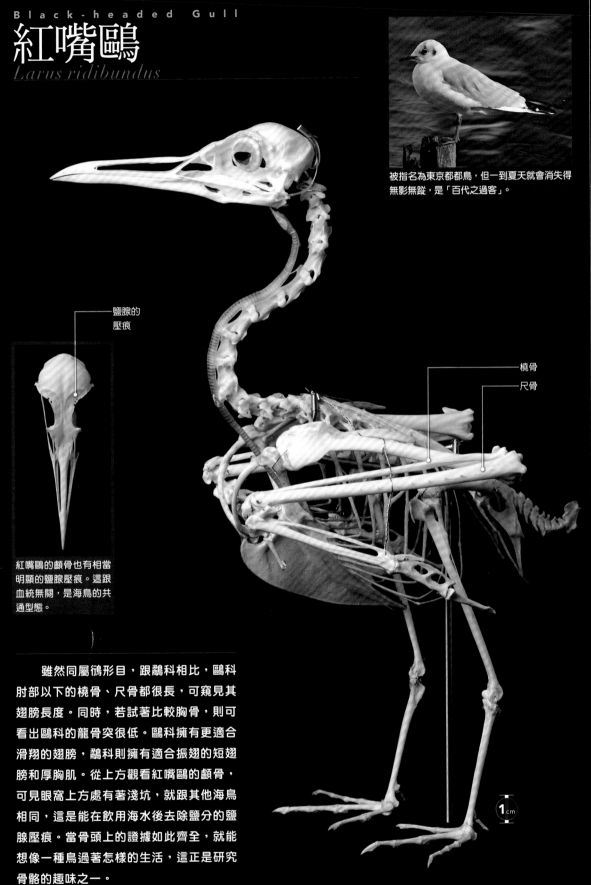

被指名為東京都都鳥，但一到夏天就會消失得無影無蹤，是「百代之過客」。

鹽腺的
壓痕

橈骨

尺骨

紅嘴鷗的顱骨也有相當明顯的鹽腺壓痕。這跟血統無關，是海鳥的共通型態。

　　雖然同屬鴴形目，跟鷸科相比，鷗科肘部以下的橈骨、尺骨都很長，可窺見其翅膀長度。同時，若試著比較胸骨，則可看出鷗科的龍骨突很低。鷗科擁有更適合滑翔的翅膀，鷸科則擁有適合振翅的短翅膀和厚胸肌。從上方觀看紅嘴鷗的顱骨，可見眼窩上方處有著淺坑，就跟其他海鳥相同，這是能在飲用海水後去除鹽分的鹽腺壓痕。當骨頭上的證據如此齊全，就能想像一種鳥過著怎樣的生活，這正是研究骨骼的趣味之一。

1 cm

# Black-tailed Gull
# 黑尾鷗
*Larus crassirostris*

這是在日本全國廣泛可見的海鷗。兇惡的眼神是天生如此，敬請見諒。

肱骨的肘部呈現意味深長的拳頭形，而相當於大拇指的地方是背側髁上突起（Dorsal Supracondylar Process）。

　　肱骨靠肘側的關節部分，形狀像是輕輕握起的拳頭。右邊肱骨如右手，左邊肱骨則如左手。在這個拳頭上，相當於大拇指的部分稱為背側髁上突起，鷗科鳥的這塊突起都非常發達，散發著一種氣息，像是T-800逐漸沉入熔爐時比出的祝你好運手勢。該突起是跟肩膀、手腕相連肌肉的附著部位，在海上滑翔之際，可以發揮繃直翅膀的效用。鸌形目的這個部位也長了非常類似的結構，可以比較看看。

1cm

# Little Tern
# 小燕鷗
*Sterna albifrons*

這是會在河川地帶和海岸繁殖的小型燕鷗。日文名「小刺鰺」，但不會跑去刺鰺魚。

1cm

　　拉娜※的朋友蒂奇，很可能就是小燕鷗。燕鷗類雖然一樣屬於鷗科，骨骼所散發的氣息卻跟鷗類大有不同。燕鷗類的特徵包括尖銳的嘴喙、短短的翅膀骨骼、纖細無比的腳，身裹羽毛的牠們有著流線形的美麗姿態，我個人覺得是鳥類中最盡善盡美的模樣。不過那標緻的長相，是由長長延伸的飛羽、窈窕的燕尾形尾羽所營造出來的。小燕鷗的飛行姿態很好看，腳卻短得不起眼，這一點也導致牠們化為骨骼之後優美盡失，變得又胖又矮。希望拉娜千萬別看到小燕鷗的這個模樣。

※《未來少年科南》中的角色，能跟燕鷗蒂奇（Tikki）心靈相通。

# Sooty Tern
# 烏領燕鷗
*Sterna fuscata*

在塞席爾群島上很著名的是，離巢自立的幼鳥
會被巨大的浪人鰺所捕食。

肱骨

橈骨

尺骨

第三指近端指骨

腕掌骨

**1** cm

　　從根部開始觀察翅膀的骨頭，自肩膀
以下有肱骨，肘部以下有橈骨和尺骨，從
手腕以下有腕掌骨，接著有第三指近端指
骨。鳥的翅膀上包含三根指骨，第三指近
端指骨是由食指根部的兩塊骨頭癒合而
成，鳥類的這塊骨頭一般都會長成薄片
狀，但包含燕鷗類在內的鷗科鳥類，在上
頭卻穿了兩個洞，可以看見對面。此部分
是初級飛羽的附著位置，但並不是特別講
究強度的部位，其他鳥類雖然沒到開孔的
程度，不過同樣也非常薄。這是索性開孔
以促進輕量化的開創性骨骼。

Common Murre

# 普通海鴉
*Uria aalge*

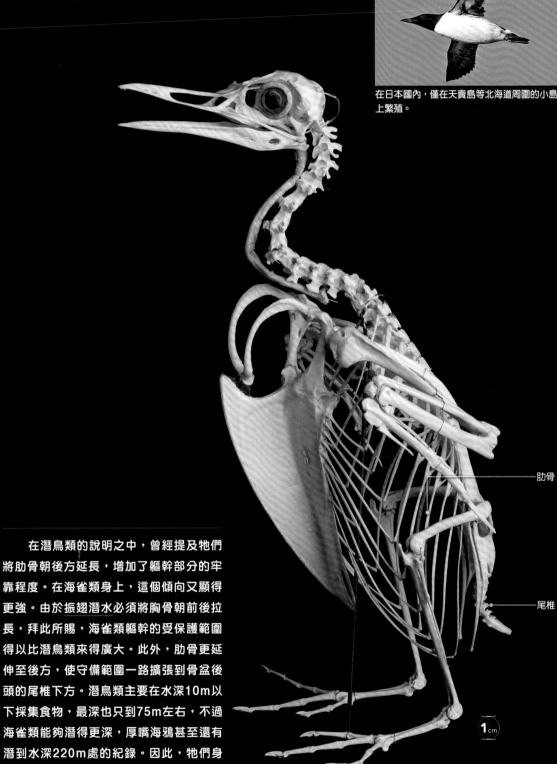

在日本國內，僅在天賣島等北海道周圍的小島上繁殖。

肋骨

尾椎

1 cm

在潛鳥類的說明之中，曾經提及牠們將肋骨朝後方延長，增加了軀幹部分的牢靠程度。在海雀類身上，這個傾向又顯得更強。由於振翅潛水必須將胸骨朝前後拉長，拜此所賜，海雀類軀幹的受保護範圍得以比潛鳥類來得廣大。此外，肋骨更延伸至後方，使守備範圍一路擴張到骨盆後頭的尾椎下方。潛鳥類主要在水深10m以下採集食物，最深也只到75m左右，不過海雀類能夠潛得更深，厚嘴海鴉甚至還有潛到水深220m處的紀錄。因此，牠們身上會具備更能耐受高水壓的結構，也就不難理解了。

Spectacled Guillemot

# 烏海鴿
*Cepphus carbo*

有著黑白紅雅致配色的美麗鳥兒，日文名源自愛奴語「紅腳」之意。

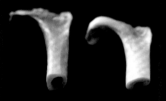

冠鵜鶘（左）和烏海鴿（右）的肱骨截面。扁平程度說明了水的阻力。

振翅潛水型鳥兒的一個特徵，就是肱骨截面很扁平。雖說都是具有潛水特性的鳥類，若是主要行划腳潛水和俯衝潛水的鳥兒，肱骨的截面將會是完美的圓。骨骼通常會經過輕量化而呈現中空，為求結構上的強化，能夠平均分散骨頭承受力道的圓形截面，想必會比較好用。不過水的阻力實在很大，若想減少潛水時的負荷，以高效率游泳為優先考量，則是扁平的骨頭更有優勢。雖說如此，假如這項工具弄壞可就糟糕了，因此骨頭的外壁會稍厚一些。

1cm

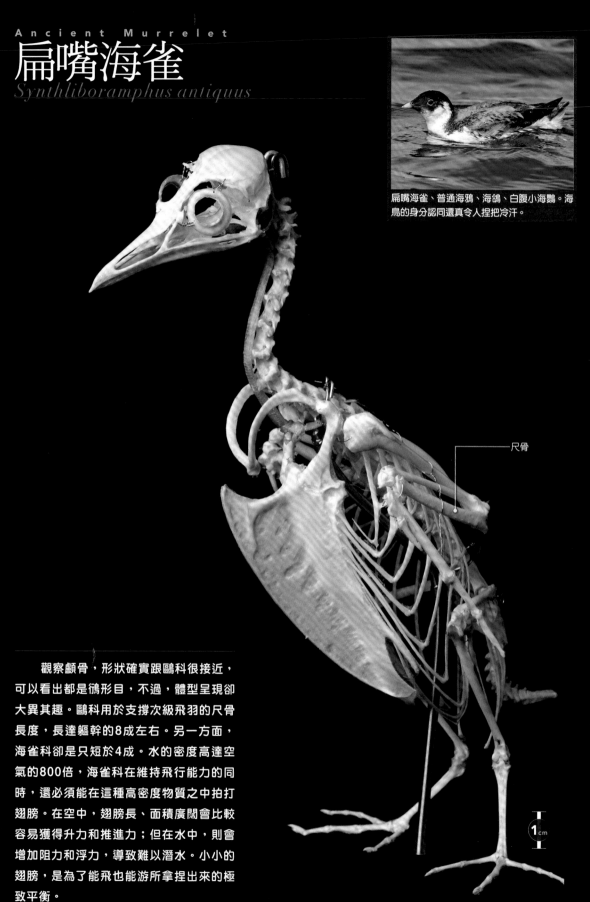

Ancient Murrelet

# 扁嘴海雀
*Synthliboramphus antiquus*

扁嘴海雀、普通海鴉、海鴿、白腹小海鸚。海鳥的身分認同還真令人捏把冷汗。

尺骨

觀察顱骨，形狀確實跟鷗科很接近，可以看出都是鸻形目，不過，體型呈現卻大異其趣。鷗科用於支撐次級飛羽的尺骨長度，長達軀幹的8成左右。另一方面，海雀科卻是只短於4成。水的密度高達空氣的800倍，海雀科在維持飛行能力的同時，還必須能在這種高密度物質之中拍打翅膀。在空中，翅膀長、面積廣闊會比較容易獲得升力和推進力；但在水中，則會增加阻力和浮力，導致難以潛水。小小的翅膀，是為了能飛也能游所拿捏出來的極致平衡。

1cm

# 角嘴海雀

Rhinoceros Auklet

*Cerorhinca monocerata*

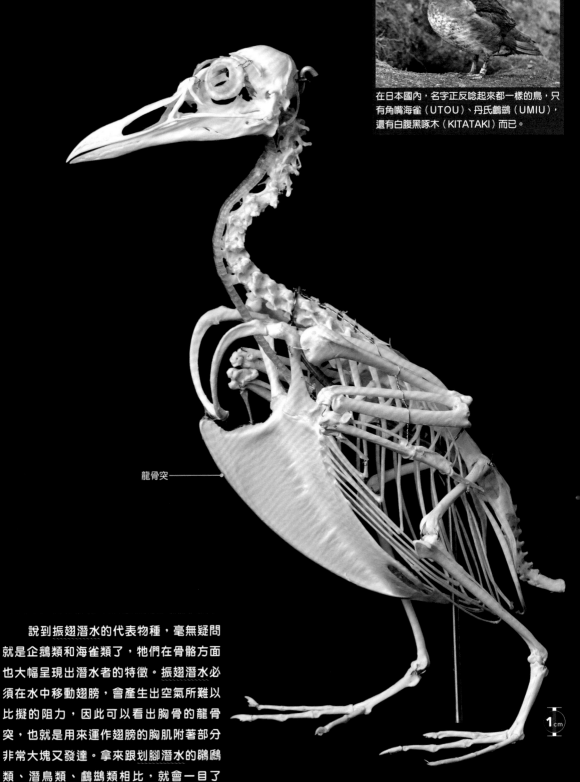

在日本國內，名字正反唸起來都一樣的鳥，只有角嘴海雀（UTOU）、丹氏鸕鷀（UMIU），還有白腹黑啄木（KITATAKI）而已。

龍骨突

1 cm

　　說到振翅潛水的代表物種，毫無疑問就是企鵝類和海雀類了，牠們在骨骼方面也大幅呈現出潛水者的特徵。振翅潛水必須在水中移動翅膀，會產生出空氣所難以比擬的阻力，因此可以看出胸骨的龍骨突，也就是用來運作翅膀的胸肌附著部分非常大塊又發達。拿來跟划腳潛水的鸕鷀類、潛鳥類、鷿鷈類相比，就會一目了然，可以比較看看。

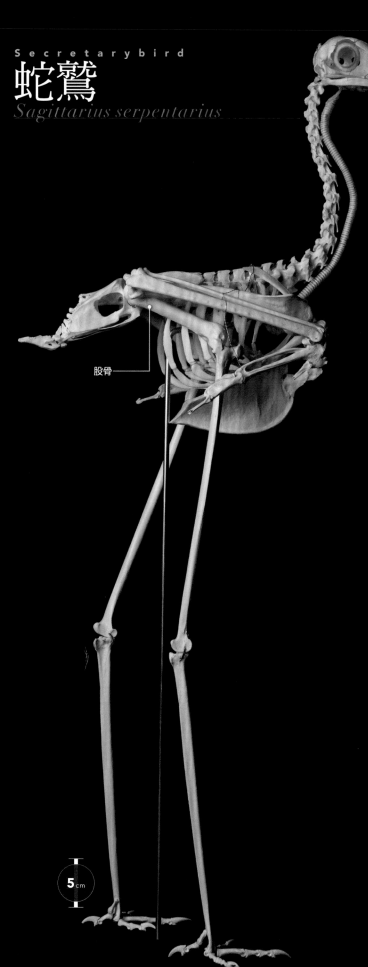

# 蛇鷲
Secretarybird

*Sagittarius serpentarius*

股骨

5 cm

英文名「Secretarybird」，意思是書記官鳥。真是令人放心的行政官。

這種鳥類在活著的時候，就已經會覺得比例很怪，等到剝去外皮，那股印象就更強烈了。試著將骨骼的下半部遮起來，看起來就像是脖子稍長的老鷹。一路到股骨為止的比例都算正常，唯獨從膝蓋以下開始延長，才會變成這種不自然的模樣。在襲擊蛇類的時候，如果自身反遭攻擊，就會賠了夫人又折兵，相信就是因為身體一直一直逃離腳邊，最後才變成了這種體型吧。由於大腿並未朝著正下方，若想把腳拉長，確實從膝蓋以下開始延長最為適當。話雖如此，假如我是造物主，應該會想把股骨也一併延長才是。

# Crested Honey Buzzard
# 東方蜂鷹
*Pernis ptilorhynchus*

經常吃蜜蜂。臉部羽毛如盔甲般堅固，可以預防遭到蜂螫。

肱骨脊

　　肱骨的肩膀關節附近，有個三角形平面朝上方開展突出，這是稱為肱骨脊的部位，從正面觀看，就像古夫※的肩膀那般，是很帥氣的一個地方。鷹類的這個突起都很發達，是經常滑翔的鳥兒會有的特徵。鳥類在張開翅膀時，肩膀、肘部、手腕之間會形成三角形，此三角形會撐開皮膚，協助滑翔的進行。我有時會大力宣傳鳥類的翅膀是羽毛做的，但其實牠們也使用了皮膜，而支撐此皮膜的就是肱骨脊。這在喜愛滑翔的鵟類身上也很發達，敬請過目。

5cm

※《機動戰士鋼彈》系列中的一款虛構兵器。

# Black Kite

# 黑鳶
*Milvus migrans*

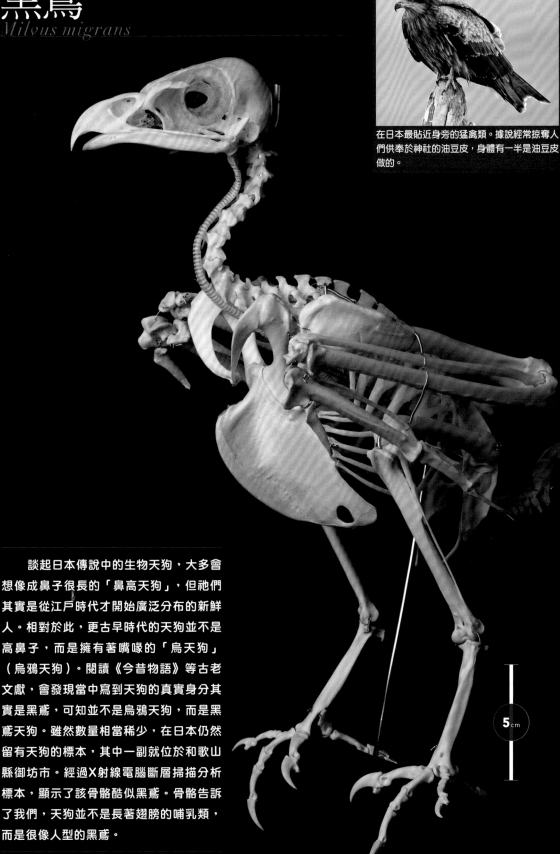

在日本最貼近身旁的猛禽類。據說經常掠奪人們供奉於神社的油豆皮，身體有一半是油豆皮做的。

談起日本傳說中的生物天狗，大多會想像成鼻子很長的「鼻高天狗」，但祂們其實是從江戶時代才開始廣泛分布的新鮮人。相對於此，更古早時代的天狗並不是高鼻子，而是擁有著嘴喙的「烏天狗」（烏鴉天狗）。閱讀《今昔物語》等古老文獻，會發現當中寫到天狗的真實身分其實是黑鳶，可知並不是烏鴉天狗，而是黑鳶天狗。雖然數量相當稀少，在日本仍然留有天狗的標本，其中一副就位於和歌山縣御坊市。經過X射線電腦斷層掃描分析標本，顯示了該骨骼酷似黑鳶。骨骼告訴了我們，天狗並不是長著翅膀的哺乳類，而是很像人型的黑鳶。

5 cm

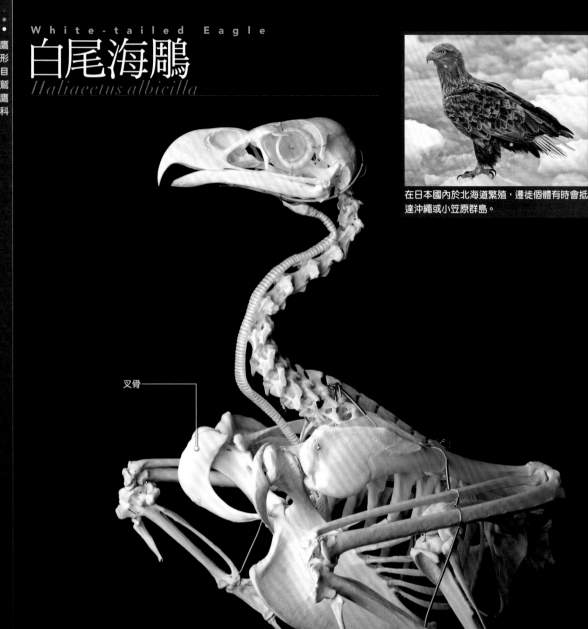

# 白尾海鵰
*Haliaeetus albicilla*

在日本國內於北海道繁殖，遷徙個體有時會抵達沖繩或小笠原群島。

叉骨

胸上極寬的叉骨相當醒目。若要說身體越大就會越寬，卻也未必如此。例如信天翁類的叉骨就不太發達，而跟大型的雁類、天鵝類比起來，鷲鷹科的叉骨之粗讓人無法忽視。叉骨是與振翅連動，能夠柔軟彎曲的骨頭，因此若是會強力振翅的鳥兒，通常就會發展出寬幅的叉骨來承受那股力道。鷹鷲類即會為了狩獵而強勁振翅，考量到白尾海鵰身體的重量，叉骨想必承受了巨大的負擔，會演變出魁梧的叉骨也很合理。

5cm

# 虎頭海鵰

*Haliaeetus pelagicus*

冬季時在北海道可見,日本最大的鷲鷹。因為吃魚,腦袋變得很聰明。

附蹠骨

**5**cm

　　有2個部分很粗:嘴喙和附蹠骨。尤其附蹠骨,比起其他鷹鷲類算是偏短,因此粗度就更加明顯了。虎頭海鵰愛吃魚,偶爾會用腳攫著鮭魚等大型魚類飛過天際,要抓住這麼重的東西,必須擁有相應的力量。附蹠骨也是跟腳趾相連的肌腱附著處,此處越是細長,肌腱也會越長,在彈簧般的作用之下更容易奔馳。另一方面若骨頭粗短,肌腱也會粗短,強勁的力道能使腳趾的抓握力更加穩固。從虎頭海鵰的腳可以嗅出非關速度,而是以力量取勝的戰略氣息。

# 日本松雀鷹

Japanese Sparrowhawk

*Accipiter gularis*

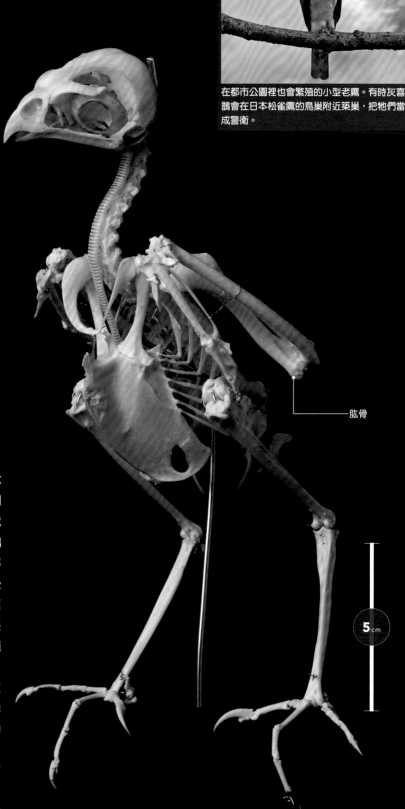

在都市公園裡也會繁殖的小型老鷹。有時灰喜鵲會在日本松雀鷹的鳥巢附近築巢，把牠們當成警衛。

肱骨

5cm

　　跟大型鷲鷹相比，日本松雀鷹翅膀之於身體的比例相當短。從側面觀看時，虎頭海鵰（p.103）和白尾海鵰（p.102）的肱骨肘關節部分，位置都會到達骨盆後方，相對於此，日本松雀鷹卻只到骨盆前方就沒了。長長的肱骨比起振翅，是更適合滑翔的結構，這樣一想，就可以將日本松雀鷹的短肱骨解釋成適於振翅的結構了。對於要在有許多障礙物的林內生活、必須靈巧運用翅膀的鳥兒來說，翅膀小巧將是很大的優勢。

# 北雀鷹

Eurasian Sparrowhawk

*Accipiter nisus*

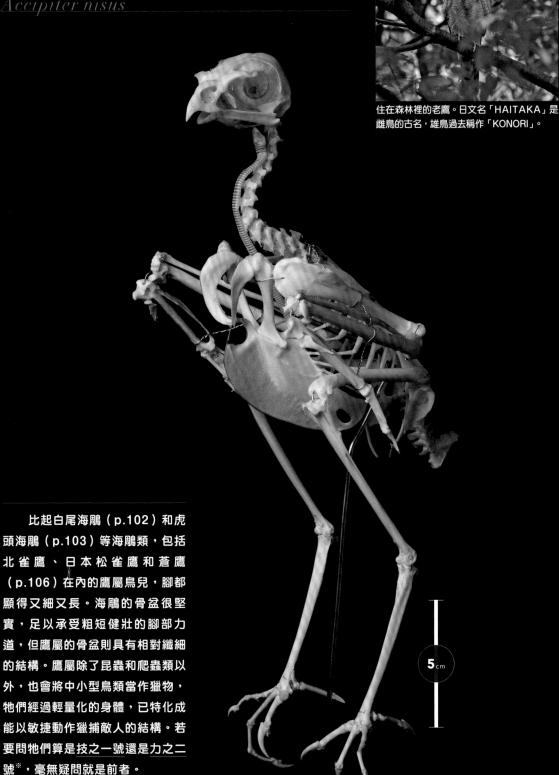

住在森林裡的老鷹。日文名「HAITAKA」是雌鳥的古名,雄鳥過去稱作「KONORI」。

比起白尾海鵰(p.102)和虎頭海鵰(p.103)等海鵰類,包括北雀鷹、日本松雀鷹和蒼鷹(p.106)在內的鷹屬鳥兒,腳都顯得又細又長。海鵰的骨盆很堅實,足以承受粗短健壯的腳部力道,但鷹屬的骨盆則具有相對纖細的結構。鷹屬除了昆蟲和爬蟲類以外,也會將中小型鳥類當作獵物,牠們經過輕量化的身體,已特化成能以敏捷動作獵捕敵人的結構。若要問牠們算是技之一號還是力之二號※,毫無疑問就是前者。

※分別指《假面騎士》中的第一號騎士和第二號騎士。

5cm

105

# Northern Goshawk

# 蒼鷹
*Accipiter gentilis*

眼窩

分布於日本全國的中型老鷹，有時還會主動襲擊大鳥。

5cm

　　蒼鷹優美而勇猛的模樣，成為了日本畫等作品的靈感來源，那武士般的姿勢，令日本人如癡如醉。不過一旦成為骨頭，卻開始散發起兩津勘吉式的氣息，叫人不住徬徨。這都是因為在眼窩上有著如眉毛般外突的骨頭，這塊骨頭是許多鷲鷹類都可見到的結構。若是站在獵物的立場上，為了不被獵食者鎖定，擴張視野、警覺不懈方為存活之道。不過對獵食者而言，則沒有警戒上空的必要，相信這塊骨頭就像相機的遮光罩般，能夠阻斷來自上方的多餘光線。被這樣的視線盯上，任誰也無法全身而退。

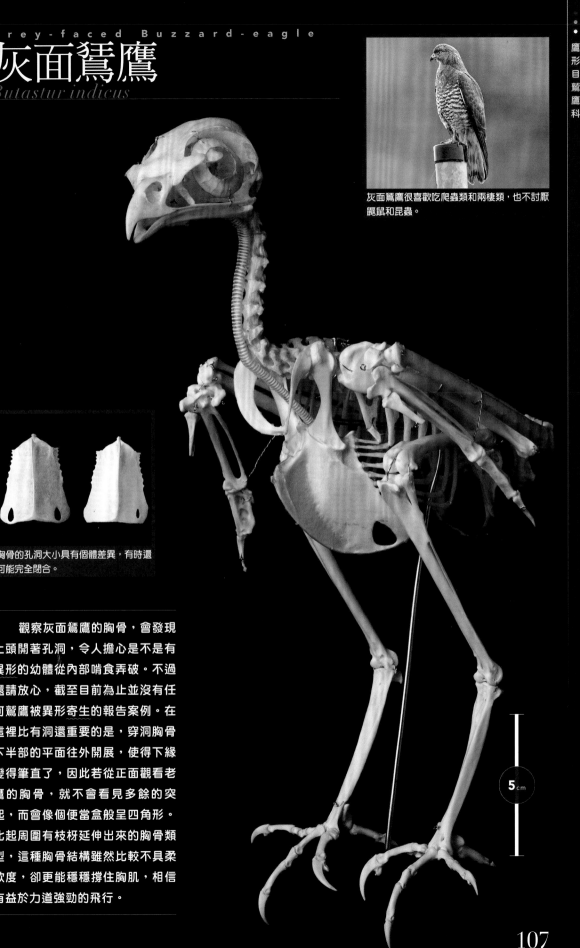

# 灰面鵟鷹
*Butastur indicus*

灰面鵟鷹很喜歡吃爬蟲類和兩棲類，也不討厭
鼩鼠和昆蟲。

胸骨的孔洞大小具有個體差異，有時還
可能完全閉合。

　　觀察灰面鵟鷹的胸骨，會發現
上頭開著孔洞，令人擔心是不是有
異形的幼體從內部啃食弄破。不過
還請放心，截至目前為止並沒有任
何鵟鷹被異形寄生的報告案例。在
這裡比有洞還重要的是，穿洞胸骨
下半部的平面往外開展，使得下緣
變得筆直了，因此若從正面觀看老
鷹的胸骨，就不會看見多餘的突
起，而會像個便當盒般呈四角形。
比起周圍有枝枒延伸出來的胸骨類
型，這種胸骨結構雖然比較不具柔
軟度，卻更能穩穩撐住胸肌，相信
有益於力道強勁的飛行。

5cm

# 普通鵟
## Common Buzzard
### *Buteo buteo*

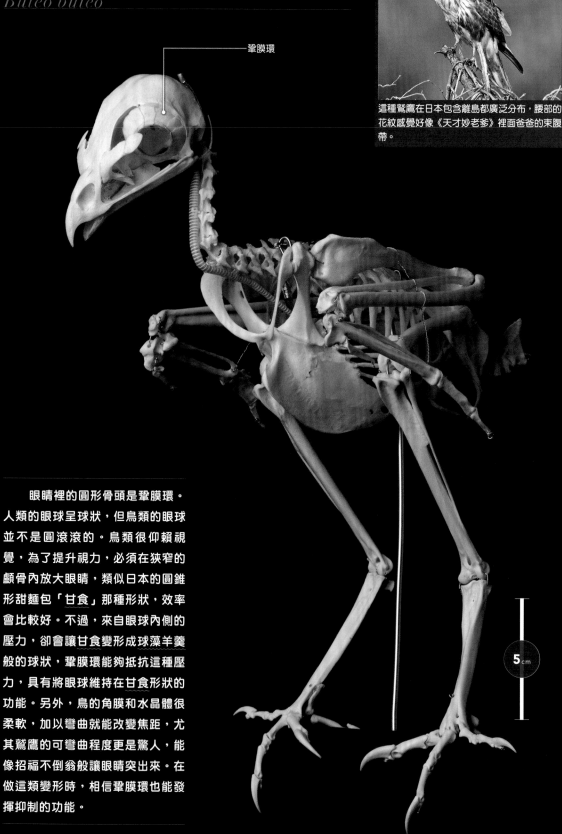

鞏膜環

這種鵟鷹在日本包含離島都廣泛分布，腰部的花紋感覺好像《天才妙老爹》裡面爸爸的束腹帶。

　　眼睛裡的圓形骨頭是鞏膜環。人類的眼球呈球狀，但鳥類的眼球並不是圓滾滾的。鳥類很仰賴視覺，為了提升視力，必須在狹窄的顱骨內放大眼睛，類似日本的圓錐形甜麵包「甘食」那種形狀，效率會比較好。不過，來自眼球內側的壓力，卻會讓甘食變形成球藻羊羹般的球狀，鞏膜環能夠抵抗這種壓力，具有將眼球維持在甘食形狀的功能。另外，鳥的角膜和水晶體很柔軟，加以彎曲就能改變焦距，尤其鷲鷹的可彎曲程度更是驚人，能像招福不倒翁般讓眼睛突出來。在做這類變形時，相信鞏膜環也能發揮抑制的功能。

5cm

# 巽他領角鴞

Collared Scops Owl

*Otus lempiji*

這種鴞擁有相對於身體偏大的耳羽。雖然在日本全國都有,卻很難窺其芳蹤。

鴞類以聽覺為主要感覺器官,並將外型進化以求鎖定音源,其中一個進化就是發達的面盤。一般獵食性較強的鳥類為使對象物立體成像,通常眼睛位置都會朝前,擁有遼闊的雙眼視野。身為獵食者的鴞類正屬於此種類型,雙眼幾乎朝著正前方。拜此所賜,其臉部相對平坦,長出羽毛後可讓臉變成收集聲音用的碟型天線,得以增進聽力,這是光靠骨骼無法完成的結構。由此可以清楚看出,羽毛這項器官對鳥類而言多麼好用。

1cm

Oriental Scops Owl

# 東方角鴞

*Otus sunia*

日文名「木葉鴞」取自其彷若枯葉的色澤，但看到「木葉」只會想到綠色的人，是不是只有我啊？

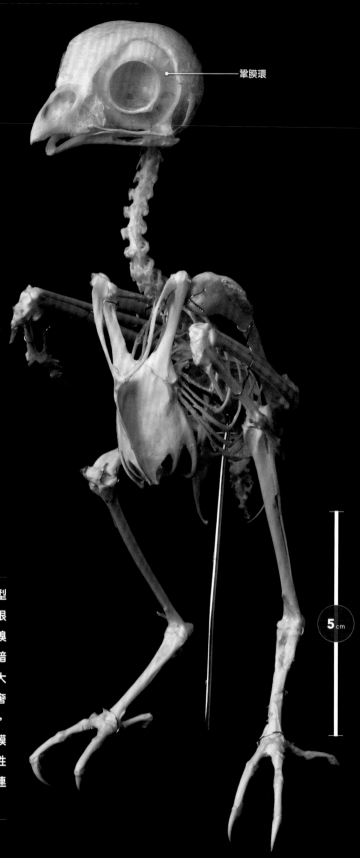

鞏膜環

夜行性動物針對視覺，會有2種類型的處置。第一種是奇異鳥型，反正都很暗，索性縮小眼睛捨棄視覺，改成仰賴嗅覺等其他感覺。第二種則是鴞型，暗歸暗還是想要捕捉極少的光線，因而選擇放大眼球。鴞類是聽覺發達，視覺也發達的奢侈類型，拜此所賜，牠們的眼窩非常大，與此同時，眼窩裡的鞏膜環也很大。鞏膜環的形狀跟鳥的日周律強烈相關，夜行性鳥兒鞏膜環內側口徑相對較大，這層關連也會用來推斷恐龍和翼龍的日周活動。

5 cm

# Ural Owl
# 長尾林鴞
*Strix uralensis*

長尾林鴞的顱骨。耳朵附近左右不對稱。

長尾林鴞廣泛分布於有人煙的山區。羽毛上長有密密麻麻的細毛，可以發揮消音作用。

　　鴞的耳朵位置左右錯開，是廣為人知的一件事。夜行性的鴞會仰賴聽覺來狩獵，為求三維式地掌握聲響，左右邊的耳朵才會高度不同。這項特徵也反映在骨骼上，右邊耳朵位於太陽穴，左邊耳朵則在臉頰處。我曾經觀看左右不對稱的顱骨照片，見識過此種情形，不過當時是鬼鴞。長尾林鴞的骨骼乍看之下幾近左右對稱，第一次製作標本的時候我實在很失望。然而，若認～真觀察，就會發現耳朵附近長得稍微左右不對稱，不認～真看是看不出來的。麻煩認～真看！

5cm

Brown Hawk-Owl

# 褐鷹鴞
*Ninox scutulata*

會吃昆蟲的小型鴞,是綠葉季節會遷徙到日本全國的綠意使者。

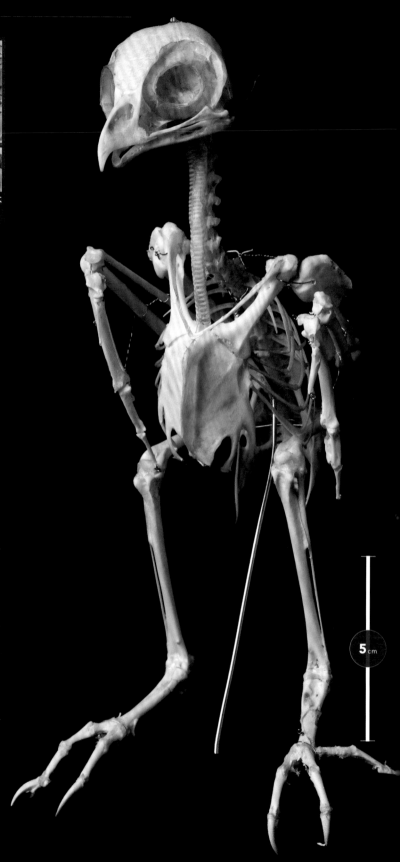

5cm

尖銳鉤型的嘴喙,配上銳利的腳爪,光看這副骨骼,會不自覺想畫出老鷹般的復原圖。尤其褐鷹鴞的臉比其他鴞都來得小,讓我有股衝動,想改放到其他分類去,藏入老鷹的行列之中。但牠們身裹羽毛的模樣則如大家所熟悉的龍貓那般可愛,反過來說,如果去除掉龍貓的軟組織,說不定也會喪失掉毛茸茸的感覺,變成頭部偏大的類人猿骨骼標本也說不定。看了鴞科的骨頭,就會明白要從化石標本復原出外型有多困難。

# 短耳鴞

Short-eared Owl

*Asio flammeus*

冬季時在河川地帶等處可見，是一種帶有枯草色的鴞。

當鴞類全身覆蓋羽毛，腳看起來會非常短，不過，像這樣變成骨骼再來看，就會發現腳意外地長。牠們一般都是夜行性，因此很少能看到像鷲鷹般狩獵的場面，然而，當牠們在獵捕老鼠等獵物時，會使用到的正是那雙腳，為此當然就需要能附著大塊肌肉、可動範圍寬廣的長腳了。有句話說「真鷹不露爪」，實際上，老鷹並不會隱藏爪子，不如把這句俗諺改成「有能力的鴞不僅會把腳藏起來，還會用圓滾滾的雙瞳聰慧地歪頭，來讓獵物掉以輕心」，大家覺得如何啊？

5cm

113

# 戴勝
*Upupa epops*

雛鳥和繁殖期間的雌鳥，都會從尾脂腺產生具
腐肉臭味的分泌物來防身。好想聞聞看。

　　此個體還很年輕，所以特徵尚不明
顯，但戴勝隨著成長，顱骨的型態將產生
變化。頭上長出8串飾羽的附著部位會膨
脹，在顱骨上生成8支角，這種角會隨著
年齡變巨大，總有一天會刺穿皮膚凸至外
頭，不過由於鮮少有個體如此長壽，因此
在野外的觀察案例相當稀少。戴勝這個名
稱並不是取自羽毛形成的冠羽，而是來自
顱骨長出來的骨質角……上面這一整段都
是騙你的，所以不用記沒關係。由於戴勝
的骨骼相較於外觀顯得格外普通，我就忍
不住編起了故事。

1 cm

# 赤翡翠

Ruddy Kingfisher

*Halcyon coromanda*

這種鳥會出現於山地的溪流，叫聲為「啾囉囉囉」。速度比普通翠鳥快了3倍。

**1** cm

翡翠科和蜂虎科等鳥兒，有一部分的腳趾會癒合起來，形成並趾足，翡翠科是第三趾和第四趾的根部會癒合。外表上看起來確實癒合著，那骨頭到底又是什麼情形，讓人相當在意，因此我透過解剖來觀察腳的骨頭狀態，發現裡頭裝著兩根未癒合的骨頭。骨頭的型態要進化想必需要時間，由表面皮膚結構形成一體的腳趾，應該更能在短期內進化出來。推測這是鏟子式的結構，適合從土中或樹洞裡扒出泥土和木片。

翡翠科第三趾跟第四趾的樣子，有一種連指手套的感覺。圖為普通翠鳥。

# 普通翠鳥

Common Kingfisher

*Alcedo atthis*

居於日本全國水域的青鳥，看見了確實會湧現幸福感。

附蹠骨

**1** cm

普通翠鳥經常不顧形象地衝進水中，因此有必要降低水的阻力。同樣有吃魚習性的鷺類，有著穩定的身體和強壯的脖子當靠山，可以憑肌力把頭送進水裡。但翠鳥類所能辦到的，僅是從樹枝上短短的助飛距離，將整個身體穿進水中，所以其頭部相對於身體顯得小巧，突出至身體外側的附蹠骨部分則短縮到不行。這個短腳是進化的證據，並不是應當引以為恥的弱點。普通翠鳥就像一顆鷺類的頭飛在空中，好比飛頭蠻、馬傑拉戰車的分離式砲塔。

# Crested Kingfisher
# 冠魚狗
*Megaceryle lugubris*

與普通翠鳥同屬翡翠科，居於溪流。就算把照片印成黑白的，形象也沒有差別。

　　普通翠鳥也是短腳，但像這樣看過冠魚狗之後，就會覺得普通翠鳥已經算長的了。冠魚狗的跗蹠骨之短令人瞠目結舌，相對於17cm的身長，普通翠鳥的跗蹠骨為0.9cm，佔5.3％。另一方面，相對於38cm的身長，冠魚狗的跗蹠骨卻只有1.4cm，僅僅占了3.7％。兩者都會在懸崖上挖洞築巢，在那樣的空間之中，長腳只會礙事，此種築巢型態有助於迴避狐狸、蛇等獵食者。赤翡翠（p.115）的腳相對較長，應該是跟牠們不會在懸崖的縫隙裡築巢，而會在相對寬闊的樹洞中築巢有關。

跗蹠骨

1cm

# 地啄木

Eurasian Wryneck

*Jynx torquilla*

這種啄木鳥不會停在樹幹上。由於移動脖子的方式很像蛇，在西洋被歸為不祥的象徵。

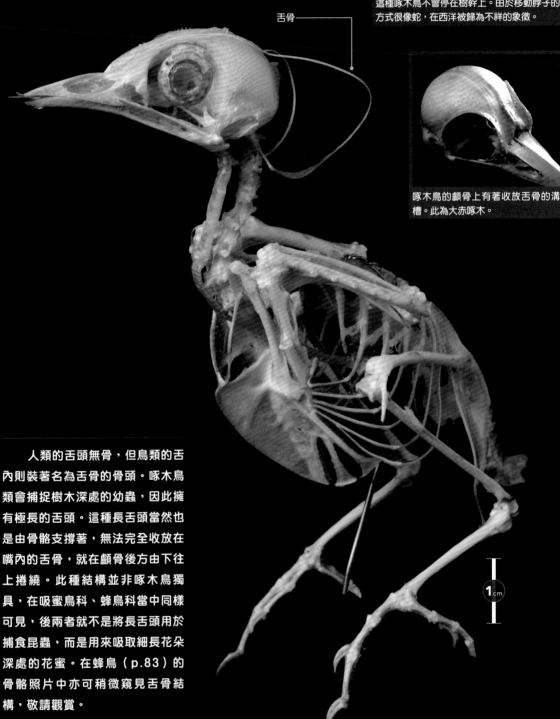

舌骨

啄木鳥的顱骨上有著收放舌骨的溝槽。此為大赤啄木。

　　人類的舌頭無骨，但鳥類的舌內則裝著名為舌骨的骨頭。啄木鳥類會捕捉樹木深處的幼蟲，因此擁有極長的舌頭。這種長舌頭當然也是由骨骼支撐著，無法完全收放在嘴內的舌骨，就在顱骨後方由下往上捲繞。此種結構並非啄木鳥獨具，在吸蜜鳥科、蜂鳥科當中同樣可見，後兩者就不是將長舌頭用於捕食昆蟲，而是用來吸取細長花朵深處的花蜜。在蜂鳥（p.83）的骨骼照片中亦可稍微窺見舌骨結構，敬請觀賞。

1 cm

# 小星頭啄木

Japanese Pygmy Woodpecker

*Dendrocopos kizuki*

在都市公園中也可見到的小型啄木鳥,腳趾是前後各2根的對趾型。

橈骨

尺骨

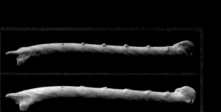

小星頭啄木(上)與日本綠啄木(下)的羽莖瘤。摸起來比外觀上更有分量,真想讓大家摸摸看。

1 cm

　鳥的肘部到手腕之間,有著橈骨和尺骨這兩根骨頭,比較粗的是尺骨。在尺骨上等距排列著稱為羽莖瘤的小小突起,該處是次級飛羽生長的根基部分。長有飛羽的鳥就會擁有此項構造,但啄木鳥科的這種突起比其他物種來得大而發達。啄木鳥確實會力道強勁地振翅,但就算如此,為何會需要特別大的基座,原因則不得而知。拜此所賜,閉著眼睛光靠摸的,就會知道是啄木鳥科的骨骼,算是少許的優點之一。嗯,不過這種機會一輩子也不會有一次吼?

Great Spotted Woodpecker

# 大斑啄木
*Dendrocopos major*

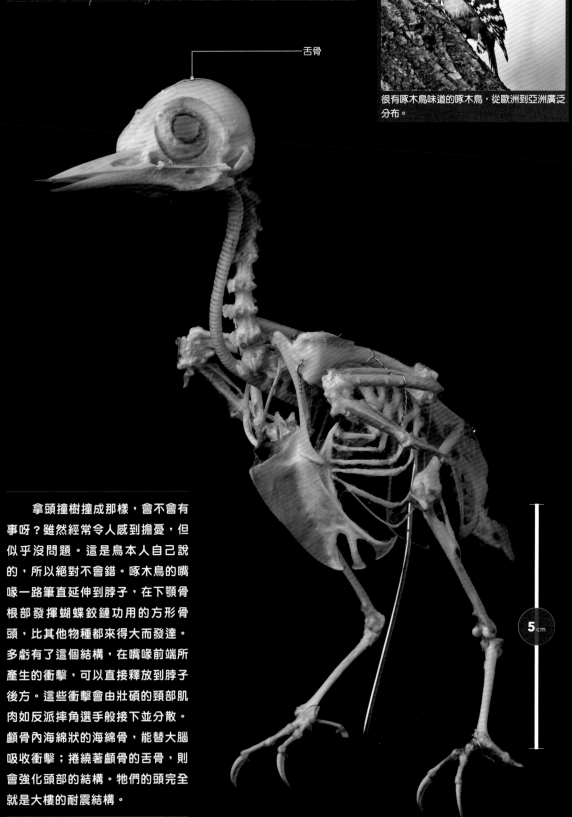

舌骨

很有啄木鳥味道的啄木鳥，從歐洲到亞洲廣泛分布。

　　拿頭撞樹撞成那樣，會不會有事呀？雖然經常令人感到擔憂，但似乎沒問題。這是鳥本人自己說的，所以絕對不會錯。啄木鳥的嘴喙一路筆直延伸到脖子，在下顎骨根部發揮蝴蝶鉸鏈功用的方形骨頭，比其他物種都來得大而發達。多虧有了這個結構，在嘴喙前端所產生的衝擊，可以直接釋放到脖子後方。這些衝擊會由壯碩的頸部肌肉如反派摔角選手般接下並分散。顱骨內海綿狀的海綿骨，能替大腦吸收衝擊；捲繞著顱骨的舌骨，則會強化頭部的結構。牠們的頭完全就是大樓的耐震結構。

5cm

# 日本綠啄木

Japanese Green Woodpecker

*Picus awokera*

日本特有的啄木鳥,是有時會在民房上鑽孔而被罵的調皮孩子。

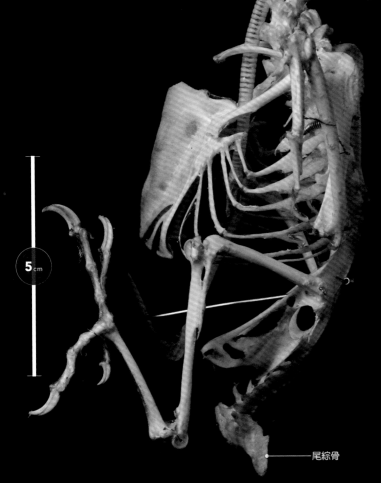

**5** cm

尾綜骨

日本綠啄木停在樹幹上時,除了兩腳之外,還會把尾羽當成第3個支點。袋鼠和第一代哥吉拉在休息時也都會使用到尾巴。畢竟用3處支撐,是感覺很穩定的姿勢,為了做出這個姿勢,啄木鳥尾羽的羽軸又粗又硬,而撐起尾羽的骨頭便是尾綜骨。尾綜骨是由數塊尾椎癒合而成,托這塊骨頭的福,鳥兒才能自由移動尾巴。啄木鳥的尾綜骨寬廣厚實,能夠穩穩撐住尾羽,埋放尾羽根部的凹陷處也頗有深度,算是意料之內的結構。

121

# 紅隼
Common Kestrel
*Falco tinnunculus*

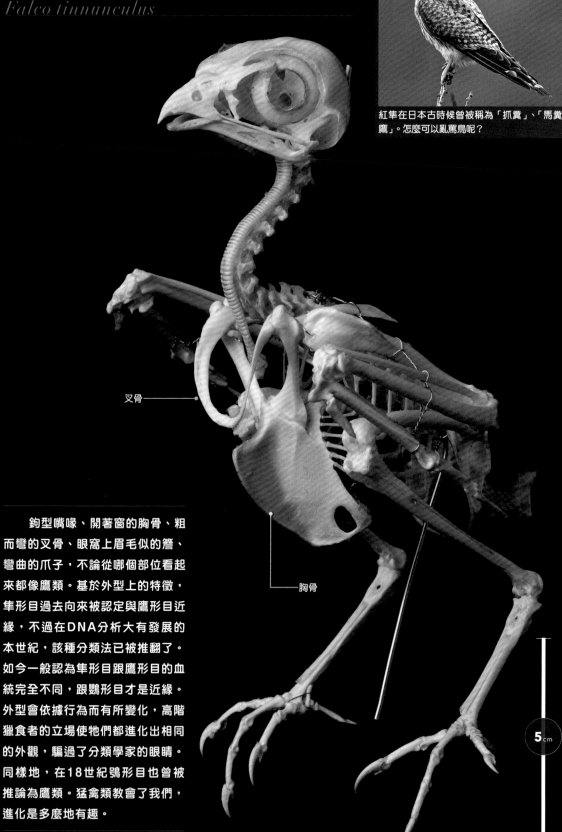

紅隼在日本古時候曾被稱為「抓糞」、「馬糞鷹」。怎麼可以亂罵鳥呢？

叉骨

胸骨

5 cm

　　鉤型嘴喙、開著窗的胸骨、粗而彎的叉骨、眼窩上眉毛似的簷、彎曲的爪子，不論從哪個部位看起來都像鷹類。基於外型上的特徵，隼形目過去向來被認定與鷹形目近緣，不過在DNA分析大有發展的本世紀，該種分類法已被推翻了。如今一般認為隼形目跟鷹形目的血統完全不同，跟鸚形目才是近緣。外型會依據行為而有所變化，高階獵食者的立場使牠們都進化出相同的外觀，騙過了分類學家的眼睛。同樣地，在18世紀鴞形目也曾被推論為鷹類。猛禽類教會了我們，進化是多麼地有趣。

# Eurasian Hobby
# 燕隼
*Falco subbuteo*

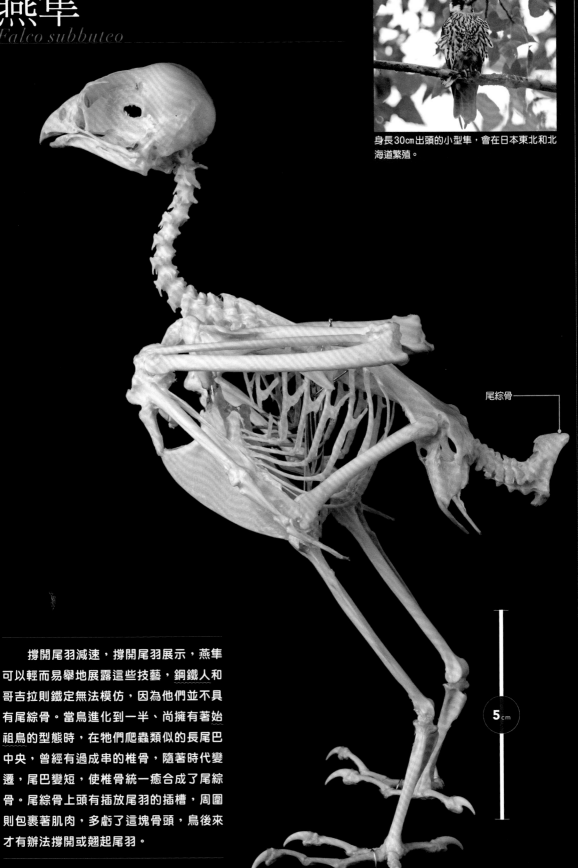

身長30cm出頭的小型隼，會在日本東北和北海道繁殖。

尾綜骨

　撐開尾羽減速，撐開尾羽展示，燕隼可以輕而易舉地展露這些技藝，鋼鐵人和哥吉拉則鐵定無法模仿，因為他們並不具有尾綜骨。當鳥進化到一半、尚擁有著始祖鳥的型態時，在牠們爬蟲類似的長尾巴中央，曾經有過成串的椎骨，隨著時代變遷，尾巴變短，使椎骨統一癒合成了尾綜骨。尾綜骨上頭有插放尾羽的插槽，周圍則包裹著肌肉，多虧了這塊骨頭，鳥後來才有辦法撐開或翹起尾羽。

**5** cm

# 遊隼

Peregrine Falcon

*Falco peregrinus*

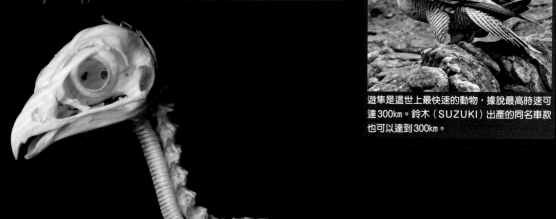

遊隼是這世上最快速的動物，據說最高時速可達300km。鈴木（SUZUKI）出產的同名車款也可以達到300km。

從膝蓋到腳跟為止的脛跗骨外側，附有一根細細的骨頭。這是腓骨，人類的膝蓋以下同樣也有2根骨頭，跟此處是相同部位。人類的腓骨似乎沒有太大的用途，聽說就算為骨頭移植等目的而切掉，也不會造成太大的困擾。鳥類的腓骨也有縮小的傾向，隼形目和鷹形目就連腓骨的獨立性都予以否定，經常都與脛跗骨癒合在一起。過個數千萬年，相信這根骨頭會變得更小，成為脛跗骨的一塊突起。在腐海周圍被多魯美奇亞帝國逐漸併吞的小國家※，會不會就是這種心情呢？每次我看到腓骨，就感到一陣悲傷。

※動畫電影《風之谷》中的劇情。

腓骨

脛跗骨

5cm

# 綠翅金剛鸚鵡

*Ara chloropterus*

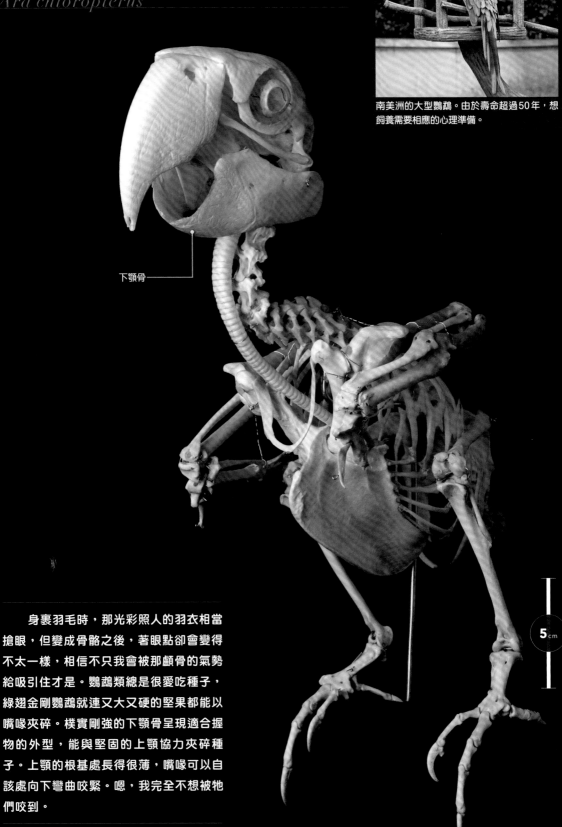

南美洲的大型鸚鵡。由於壽命超過50年，想飼養需要相應的心理準備。

下顎骨

5 cm

　　身裹羽毛時，那光彩照人的羽衣相當搶眼，但變成骨骼之後，著眼點卻會變得不太一樣，相信不只我會被那顱骨的氣勢給吸引住才是。鸚鵡類總是很愛吃種子，綠翅金剛鸚鵡就連又大又硬的堅果都能以嘴喙夾碎。樸實剛強的下顎骨呈現適合握物的外型，能與堅固的上顎協力夾碎種子。上顎的根基處長得很薄，嘴喙可以自該處向下彎曲咬緊。嗯，我完全不想被牠們咬到。

# 「折了骨頭又殞命」

對野生鳥類而言，骨折將會掉了小命。

如果是人類，只要能夠在醫院靜養，大致上應該都能治好。走運的話，跟護理師萌生愛戀，人生恐怕還會時來運轉。

不過，鳥類就不是這樣了。

鳥兒身上支撐著翅膀和腳等處的細長骨頭，相當容易骨折。折翼天使既無法如願移動、採集食物，萬一被獵食者侵襲，更是得面對人生的終章。腳折斷了走路會受限，還會影響離地時的起跳動作。在野生環境下，骨折會直接導向死亡，因此很少看見帶有治癒痕跡的骨頭。

在我手邊就有著這種罕見的骨頭：小水鴨的腳，以及尖尾鴨的翅膀骨頭。兩者都是雁鴨科，相信並非偶然。

雁鴨就算沒辦法移動，只要浮在池面就能夠採集食物。待在該處也不必擔心會被狐狸或黃鼠狼給襲擊，可以花時間等候痊癒。

雖然牠們在骨折復原上占有優勢，但在開放場合展露美味的身軀，很容易會被老鷹和獵人鎖定，增加骨折的風險。多麼諷刺呀！

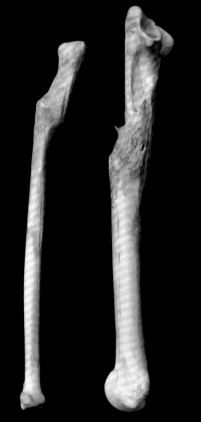

尖尾鴨的橈骨和尺骨。
似乎是一起斷掉後一起痊癒的。

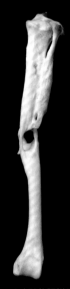

小水鴨的脛跗骨。
看起來是在被某物刺穿的狀態下直接痊癒的。

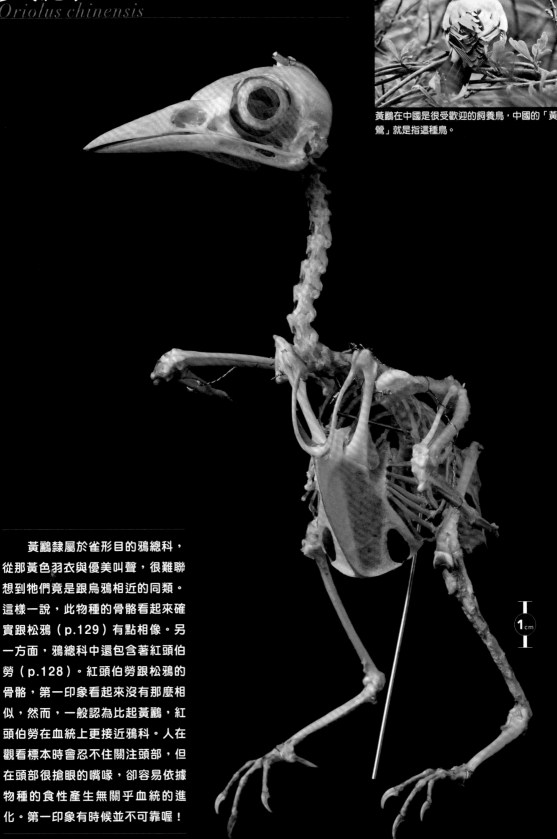

# 黃鸝

Black-naped Oriole

*Oriolus chinensis*

黃鸝在中國是很受歡迎的飼養鳥，中國的「黃鶯」就是指這種鳥。

　　黃鸝隸屬於雀形目的鴉總科，從那黃色羽衣與優美叫聲，很難聯想到牠們竟是跟烏鴉相近的同類。這樣一說，此物種的骨骼看起來確實跟松鴉（p.129）有點相像。另一方面，鴉總科中還包含著紅頭伯勞（p.128）。紅頭伯勞跟松鴉的骨骼，第一印象看起來沒有那麼相似，然而，一般認為比起黃鸝，紅頭伯勞在血統上更接近鴉科。人在觀看標本時會忍不住關注頭部，但在頭部很搶眼的嘴喙，卻容易依據物種的食性產生無關乎血統的進化。第一印象有時候並不可靠喔！

1 cm

# 紅頭伯勞

Bull-headed Shrike

*Lanius bucephalus*

這種鳥以會把獵物插起來放而聞名，屬於戰鬥派。插起一堆獵物之後，唱歌會更好聽。

什麼嘛，這張大嘴鳥般的臉蛋令人內心一驚，結果卻是紅頭伯勞。紅頭伯勞也被稱為小型猛禽，精悍的側臉戴著太陽眼鏡，就連麻雀等小鳥也會襲擊。特徵是如老鷹、隼似的鉤型銳利嘴喙，但在化為骨骼之後卻完全看不出那番面貌。鳥的嘴喙是由骨頭覆蓋角蛋白外殼而成的結構，這個外殼非常堅硬，但畢竟是蛋白質，要修飾相對簡單。紅頭伯勞並未大幅變動骨骼，而是讓軟組織外殼產生進化，獲得了刀狀的嘴喙，可以稱得上是CP值很高的進化。

1 cm

# Eurasian Jay
# 松鴉
*Garrulus glandarius*

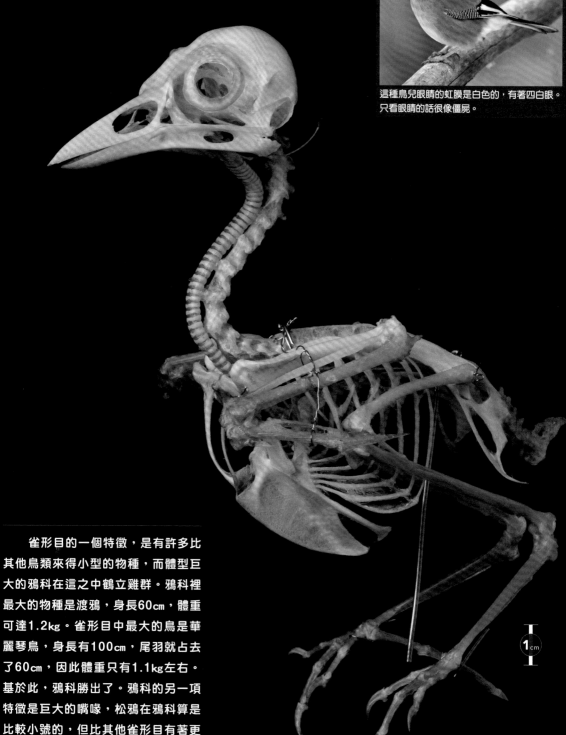

這種鳥兒眼睛的虹膜是白色的，有著四白眼。
只看眼睛的話很像僵屍。

雀形目的一個特徵，是有許多比其他鳥類來得小型的物種，而體型巨大的鴉科在這之中鶴立雞群。鴉科裡最大的物種是渡鴉，身長60㎝，體重可達1.2kg。雀形目中最大的鳥是華麗琴鳥，身長有100㎝，尾羽就占去了60㎝，因此體重只有1.1kg左右。基於此，鴉科勝出了。鴉科的另一項特徵是巨大的嘴喙，松鴉在鴉科算是比較小號的，但比其他雀形目有著更像樣的嘴喙。不過，嘴喙內部只裝著海綿狀的輕盈骨頭，因此不會沉重到肩膀酸痛。

1 cm

# Carrion Crow
# 小嘴鴉
*Corvus corone*

很聰明的鴉科鳥類。假如由鳥兒支配世界，此物種將是傑出的領袖人選。

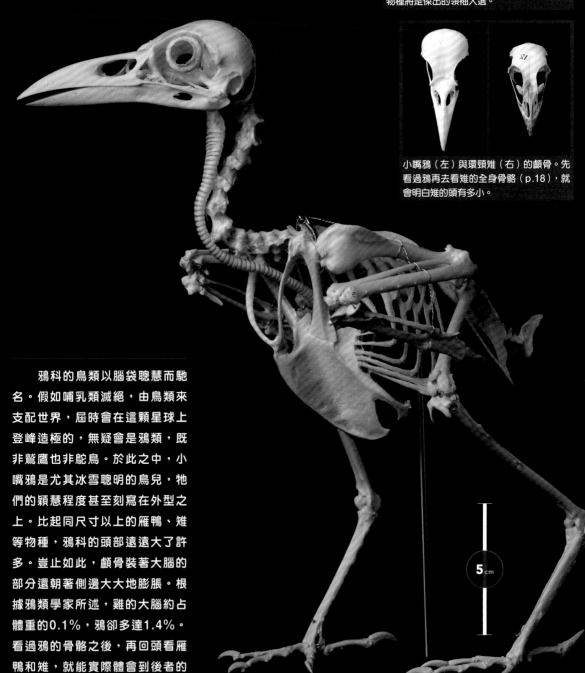

小嘴鴉（左）與環頸雉（右）的顱骨。先看過鴉再去看雉的全身骨骼（p.18），就會明白雉的頭有多小。

5cm

鴉科的鳥類以腦袋聰慧而馳名。假如哺乳類滅絕，由鳥類來支配世界，屆時會在這顆星球上登峰造極的，無疑會是鴉類，既非鷲鷹也非鴕鳥。於此之中，小嘴鴉是尤其冰雪聰明的鳥兒，牠們的穎慧程度甚至刻寫在外型之上。比起同尺寸以上的雁鴨、雉等物種，鴉科的頭部遠遠大了許多。豈止如此，顱骨裝著大腦的部分還朝著側邊大大地膨脹。根據鴉類學家所述，雞的大腦約占體重的0.1%，鴉卻多達1.4%。看過鴉的骨骼之後，再回頭看雁鴨和雉，就能實際體會到後者的頭有多小。

# 巨嘴鴉
*Corvus macrorhynchos*

代表性的死肉食用者。說起來牠們算是整頓環境的清道夫，希望大家不要討厭牠們。

將巨嘴鴉的顱骨切成兩半。嘴喙是中空的，由海綿骨支撐。

5cm

小嘴鴉和巨嘴鴉可以從額頭來分辨，額頭跟嘴喙角度較平坦的是前者，角度急轉的則是後者。我試著測量額頭相對於嘴喙的斜面角度，在骨頭上，小嘴鴉的斜面是25度，巨嘴鴉則是37度，有著12度的差距，小嘴鴉確實比較平坦。如果是在滑雪，前者還可以想辦法滑下去，後者則相當難以承受。不過，若用帶有羽毛的照片來測量，分別是20度跟60度，差距拉大到了40度。因為小嘴鴉的羽毛比較平坦，而巨嘴鴉則長得比較像陡坡。另外，60度的坡道非常危險，最好不要直線滑下喔！

# 褐頭山雀

*Poecile montanus*

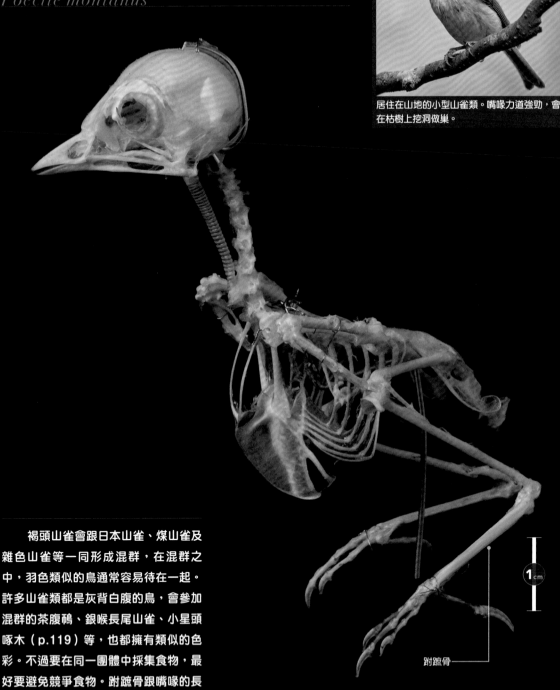

居住在山地的小型山雀類。嘴喙力道強勁，會在枯樹上挖洞做巢。

1cm

跗蹠骨

褐頭山雀會跟日本山雀、煤山雀及雜色山雀等一同形成混群，在混群之中，羽色類似的鳥通常容易待在一起。許多山雀類都是灰背白腹的鳥，會參加混群的茶腹鳾、銀喉長尾山雀、小星頭啄木（p.119）等，也都擁有類似的色彩。不過要在同一團體中採集食物，最好要避免競爭食物。跗蹠骨跟嘴喙的長度由短到長，依序是煤山雀、褐頭山雀、日本山雀、雜色山雀。跗蹠骨的長度跟採集食物的地點和姿勢有關，嘴喙長度則與食物的類型和大小有關，就算顏色類似，在外型上也有差別，目的就是要排解競爭。

# 日本山雀

Japanese Tit

*Parus minor*

從樹洞裡到郵筒內，會在各種地方築巢的可愛鄰居。

這種鳥很貼近生活，是方便就近觀察的物種。如果有機會仔細察看，還請注意牠們的嘴喙，你將發現意外地很有個體差異：前端尖細的嘴喙、筆直的嘴喙、稍微彎曲的嘴喙、偏粗的嘴喙，嘴喙的型態相當多彩多姿，有時還會按季節改變長短。根據英國的研究，夏天時嘴喙通常比較長，夏天跟冬天的變化差距有時可達1mm。嘴喙骨頭上所包覆的外殼，是跟爪子類似的角蛋白，這是容易代謝的組織、也會出現個體差異，所以才會因季節和食物差異而改變長度。以骨頭搭配外殼的結構，讓嘴喙變得很方便。

1 cm

# 歐亞雲雀
Eurasian Skylark
*Alauda arvensis*

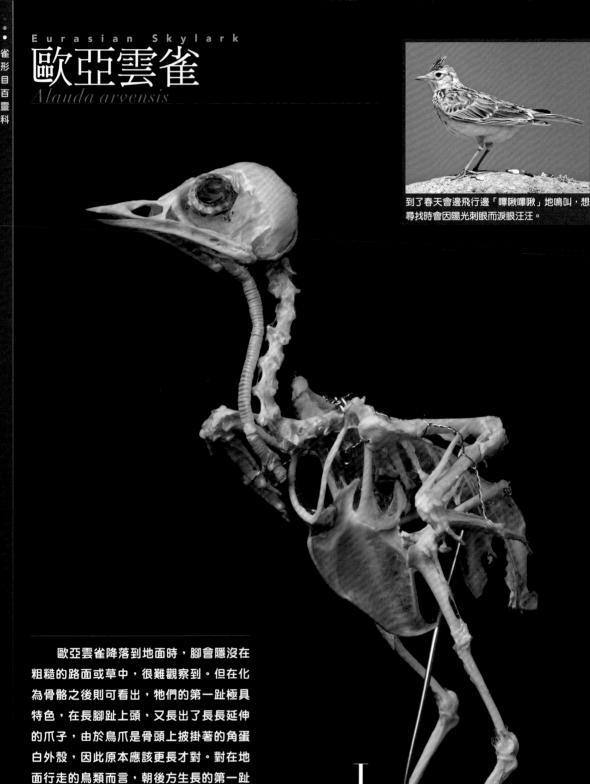

到了春天會邊飛行邊「嗶啾嗶啾」地鳴叫，想尋找時會因陽光刺眼而淚眼汪汪。

歐亞雲雀降落到地面時，腳會隱沒在粗糙的路面或草中，很難觀察到。但在化為骨骼之後則可看出，牠們的第一趾極具特色，在長腳趾上頭，又長出了長長延伸的爪子，由於鳥爪是骨頭上披掛著的角蛋白外殼，因此原本應該更長才對。對在地面行走的鳥類而言，朝後方生長的第一趾會妨礙前進，因此許多鳥類的第一趾都有消失的跡象。即便如此，歐亞雲雀的第一趾仍舊很長，相信是為了增加接觸地面的面積，以提升穩定性。不過也無法排除這是為了蹭腳跟把昆蟲串起來吃的可能性，因此往後還請小心觀察。

1cm

第一趾

Barn Swallow
# 家燕
*Hirundo rustica*

家燕喜歡利用人造物來築巢。對牠們來說，人類不過是用來對付獵食者的衛兵。

下顎骨的形狀有如日本將棋的棋駒，能將逃竄的飛行昆蟲關進咽喉深處。

肱骨

腕掌骨

**1**cm

　　許多鳥的下顎都是乏味的V字形，無法勾起興趣，不過，家燕的下顎口幅卻很寬，形狀像是日本將棋的棋駒。為了追求高效率的飛行採食，家燕擴張了開口的面積。跟翅膀比起來，短短的肱骨也很有魅力。麻雀（p.152）跟家燕的翼展分別為23㎝和32㎝，肱骨則為17㎜和15㎜。若以翼展的一半當成單邊翅膀長度，則肱骨的比例便是15％和9％，突顯出家燕的肱骨有多短。另一方面，腕掌骨則是11㎜和14㎜，家燕比較長。由此可以清楚看出，這是藉由縮短上臂並延長手腕前端，用初級飛羽來爭取更多的翼長。

Light-vented Bulbul

# 白頭翁
*Pycnonotus sinensis*

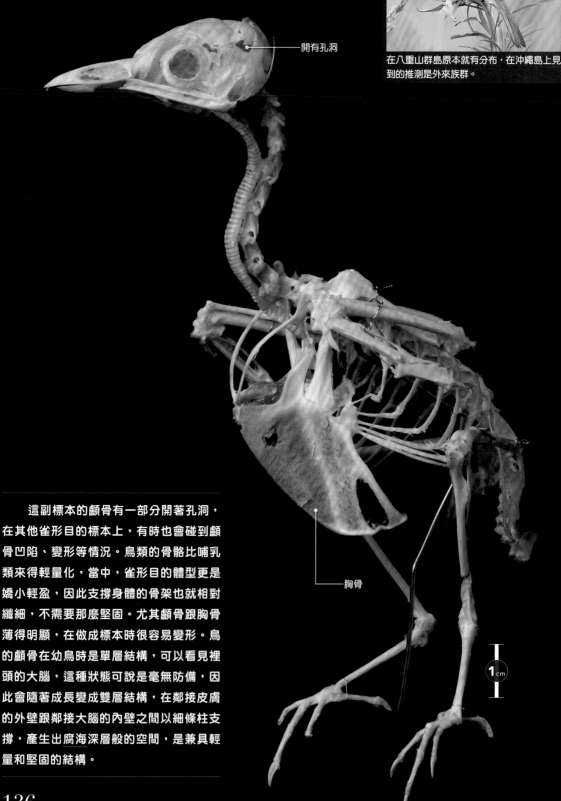

開有孔洞

在八重山群島原本就有分布，在沖繩島上見到的推測是外來族群。

胸骨

1 cm

這副標本的顱骨有一部分開著孔洞，在其他雀形目的標本上，有時也會碰到顱骨凹陷、變形等情況。鳥類的骨骼比哺乳類來得輕量化，當中，雀形目的體型更是嬌小輕盈，因此支撐身體的骨架也就相對纖細，不需要那麼堅固。尤其顱骨跟胸骨薄得明顯，在做成標本時很容易變形。鳥的顱骨在幼鳥時是單層結構，可以看見裡頭的大腦，這種狀態可說是毫無防備，因此會隨著成長變成雙層結構，在鄰接皮膚的外壁跟鄰接大腦的內壁之間以細條柱支撐，產生出腐海深層般的空間，是兼具輕量和堅固的結構。

# 棕耳鵯

Brown-eared Bulbul

*Hypsipetes amaurotis*

棕耳鵯在日本是遍地開花的普通鳥兒,但在全球僅僅遠東才有。可以驕傲一下。

跗蹠骨

1 cm

　　觀看棕耳鵯的骨骼,不自覺就會聯想到企鵝(p.47)的骨骼。或許只有我這樣,但原因應該是出在腳上。這種鳥的身體大,腳卻意外很短,跗蹠骨尤其短,約22mm長。而體型大小很相近的斑點鶇(p.147)約有32mm,即使是遠遠小隻許多的日本樹鶯(p.138)也有25mm。通常大量使用地面的鳥,跗蹠骨都很長,地面上有許多障礙物,因此長腳會更有利。會停留在樹上的棕耳鵯,比斑點鶇稍微直立一些,由於跗蹠骨很短,若想將身體重心放在腳上穩住,就只能將身體立起來了。

# 日本樹鶯
*Cettia diphone*

日本人的靈魂之鳥。有一說是因為牠們會「嗚嗚嗚咕嘰」地鳴叫,所以才會被命名為「UGUISU」。

長嘴亞種(*Horornis diphone diphone*,左)的下顎骨比日本亞種(*Horornis diphone cantans*,右)尖銳。

　　日本樹鶯共有4個亞種會在日本國內繁殖。其中,從北海道至九州廣泛分布的是日本亞種;另一方面,在小笠原群島上則有長嘴亞種。相較於本州的亞種,長嘴亞種的身體小、嘴喙長,確實是長嘴。其嘴喙並不是只有長而已,還很細,測量從正上方觀看時下顎骨尖端的角度,日本亞種為25～27度,長嘴亞種則為18～22度,又長又細。不過在分類上,長嘴亞種才是指名亞種,因此不該說小笠原的亞種嘴很長,應該說本州的亞種嘴很短才對[※]。

※通常在分類學上,種小名與亞種名相同者,即是該物種的指名亞種,例如「Passer montanus montanus」即為麻雀(Passer montanus)的指名亞種。

# Asian Stubtail
# 短尾鶯
*Urosphena squameiceps*

短尾鶯會如蟲子般「嘻嘻嘻嘻嘻」地鳴叫，在早春夜裡，叫聲會被誤認成昆蟲。

1cm

談起日本鳥兒當中的小型物種，那便是戴菊、鷦鷯跟短尾鶯這3種了，如果要組成鳥界的「迷你早安」※，絕不能漏掉牠們。會帶給人很小型的印象，最大的關鍵因素在於尾羽很短，但即使排除不看，這些鳥兒仍舊很小。身體一大，在空中支撐體重的翅膀就需要堅強的骨骼；另一方面，身體若輕，翅膀的負擔就會很小，因此即便沒有強健的骨骼也能夠撐起身體。位於飛羽中央的羽軸，是輕盈柔韌的角蛋白，用纖細羽軸支撐笨重身體將會負荷沉重，但要是身體輕盈就沒問題了。短尾鶯極度小巧的翅膀骨骼，就是身體

Arctic Warbler superspecies

# 極北柳鶯複合種群

*Phylloscopus borealis s.l.*

橄欖色的纖細小鳥。鶯類的外觀很相似，叫聲卻都很有特色。

　　對野生動物而言，判別物種的能力不可或缺，異種雜交很少能留下子孫，就算生出了雜種個體，模樣應該也會四不像，無法受到歡迎。鳥兒的外表按物種各具特色，就是為了要認出彼此。不過，鶯類的模樣都很相似，就連分類學家的眼睛都能騙過。分類學家長年來都認為極北柳鶯是單一物種，卻發現在遺傳上其實可以分成極北柳鶯、日本柳鶯、堪察加柳鶯這3個物種，透過羽毛形狀和顏色微乎其微的差異可以識別出牠們。不過，從骨頭恐怕就很難識別了，這副骨骼標本是3種中的哪一種呢？我無法判斷。

1 cm

# 笠原吸蜜鳥
*Apalopteron familiare*
Bonin White-eye

小笠原的特有種。起源於南方，跟日本的綠繡眼為遠親。

　　長腳與極彎的爪子引人矚目。笠原吸蜜鳥是小笠原群島上特有的鳥類，小笠原是距離本州約800km的小島嶼。一般啄木鳥的移動性低，鮮少遠渡重洋，因此在小笠原並沒有啄木鳥，笠原吸蜜鳥於是趁隙而入。牠們會以啄木鳥般的尾羽支撐著身體，在樹幹上食用昆蟲。不過除了垂直於地面站立，牠們還會將身體放成水平或傾斜，耍特技般地活用樹幹。要控制這些姿勢，少不了一雙長腳，彎曲的爪子成了插入垂直壁面的冰斧。這種外型，感覺得出是在海洋島嶼上產生的進化。

1cm

# 綠繡眼

Japanese White-eye

*Zosterops japonicus*

分布於日本全國的綠色小鳥。在大冷天吸取山茶花蜜的模樣,是冬季的代表性風光。

在我做調查的地點小笠原群島上,有著許多的綠繡眼。數量越多,遇見屍體的機會也會增加。撞到玻璃、交通意外、鳥巢墜落,年輕鳥兒的死亡率尤其高。將這類年輕鳥兒的屍體做成標本,就能清楚看出牠們跟成鳥間的差異。巢內雛幼尚待發展的顱骨,覆蓋在大腦上方的圓頂部分還沒有閉合,具有十字形的裂痕。因此想做成標本時,一下子就會四散開來。人類的顱骨上也有這種縫合線般的東西。當裂痕閉合,就如同在白頭翁(p.136)篇章曾解說的,顱骨的骨頭會從單層變成雙層,逐漸轉大人。

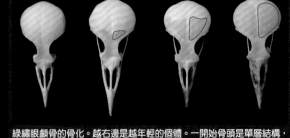

綠繡眼顱骨的骨化。越右邊是越年輕的個體。一開始骨頭是單層結構,可以看穿到對面(紅框部分),後來就逐漸強化為雙層結構而轉白。

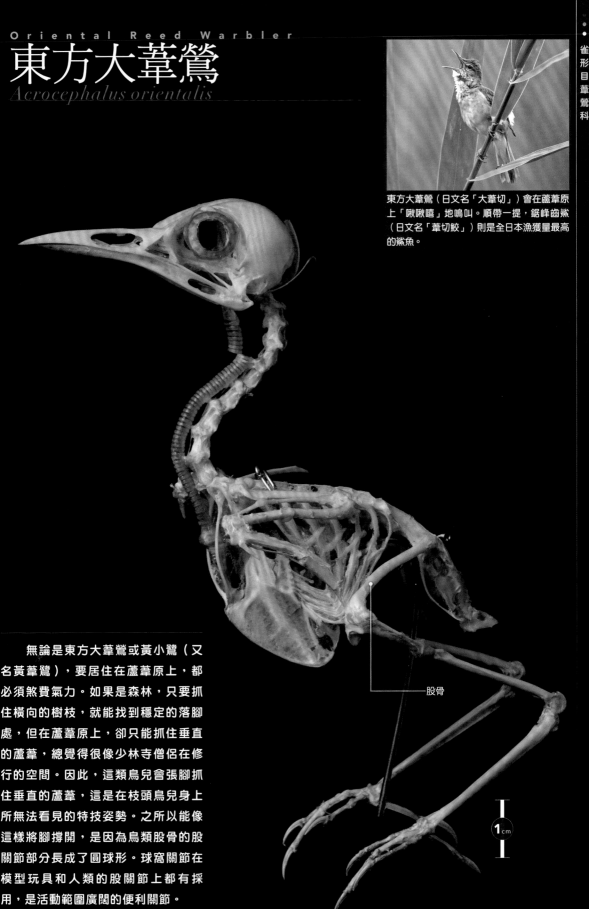

# 東方大葦鶯
Oriental Reed Warbler

*Acrocephalus orientalis*

東方大葦鶯（日文名「大葦切」）會在蘆葦原上「啾啾囃」地鳴叫。順帶一提，鋸峰齒鯊（日文名「葦切鮫」）則是全日本漁獲量最高的鯊魚。

　　無論是東方大葦鶯或黃小鷺（又名黃葦鷺），要居住在蘆葦原上，都必須煞費氣力。如果是森林，只要抓住橫向的樹枝，就能找到穩定的落腳處，但在蘆葦原上，卻只能抓住垂直的蘆葦，總覺得很像少林寺僧侶在修行的空間。因此，這類鳥兒會張腳抓住垂直的蘆葦，這是在枝頭鳥兒身上所無法看見的特技姿勢。之所以能像這樣將腳撐開，是因為鳥類股骨的股關節部分長成了圓球形。球窩關節在模型玩具和人類的股關節上都有採用，是活動範圍廣闊的便利關節。

股骨

1 cm

Bohemian Waxwing

# 黃連雀
*Bombycilla garrulus*

藍連雀、綠連雀、粉紅連雀都不存在，令人無限遺憾。

1 cm

黃連雀和朱連雀的羽色、大小僅有些微差異，看起來如出一轍，因此我試著比較手邊的骨骼標本，發現胸骨的感覺並不相同，後者的胸骨稍微細長一些。我測量胸骨的長和寬，寬相對於長的比例，黃連雀是47%，朱連雀則是44%。3%的差距或許讓人覺得很少，但只要回想日本政府增加消費稅時的衝擊，就會知道差很大。還有，胸骨的結構很薄，在製作標本時很容易變形。這兩者我都只擁有單一個體的骨骼，因此也可能不是代表性的數值，為了弄清真相，拜託看看誰能給我屍體。

# 灰椋鳥
### *Spodiopsar cineraceus*

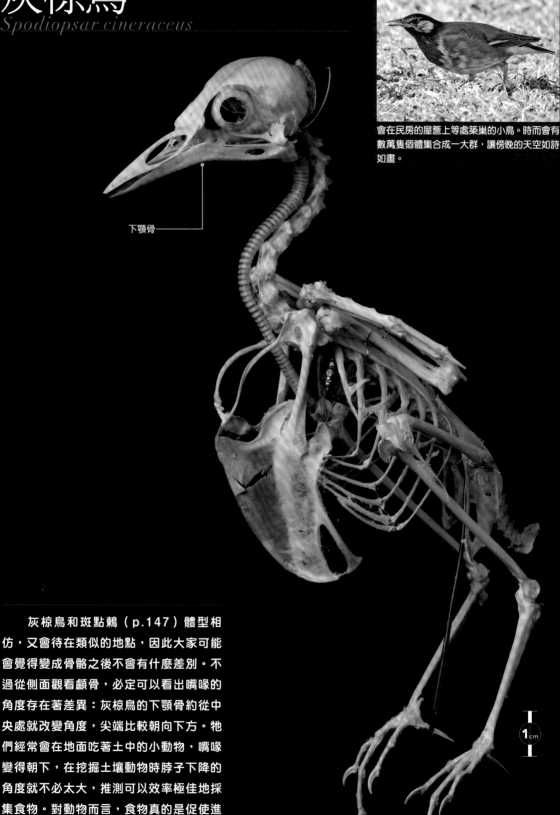

下顎骨

會在民房的屋簷上等處築巢的小鳥。時而會有數萬隻個體集合成一大群，讓傍晚的天空如詩如畫。

灰椋鳥和斑點鶇（p.147）體型相仿，又會待在類似的地點，因此大家可能會覺得變成骨骼之後不會有什麼差別。不過從側面觀看顱骨，必定可以看出嘴喙的角度存在著差異：灰椋鳥的下顎骨約從中央處就改變角度，尖端比較朝向下方。牠們經常會在地面吃著土中的小動物，嘴喙變得朝下，在挖掘土壤動物時脖子下降的角度就不必太大，推測可以效率極佳地採集食物。對動物而言，食物真的是促使進化發生的重要因子。

1 cm

# Scaly Thrush
# 虎鶇
*Zoothera dauma*

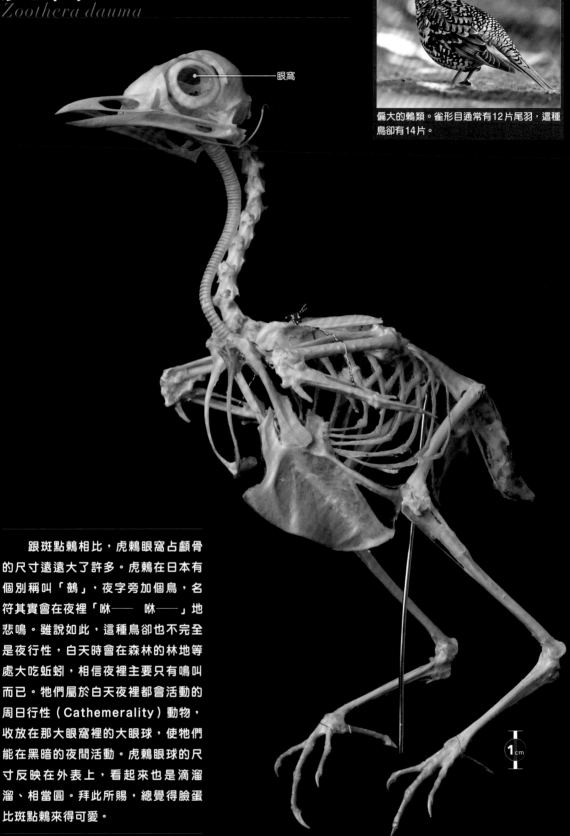

偏大的鶇類。雀形目通常有12片尾羽,這種鳥卻有14片。

眼窩

跟斑點鶇相比,虎鶇眼窩占顱骨的尺寸遠遠大了許多。虎鶇在日本有個別稱叫「鵺」,夜字旁加個鳥,名符其實會在夜裡「咻── 咻──」地悲鳴。雖說如此,這種鳥卻也不完全是夜行性,白天時會在森林的林地等處大吃蚯蚓,相信夜裡主要只有鳴叫而已。牠們屬於白天夜裡都會活動的周日行性(Cathemerality)動物,收放在那大眼窩裡的大眼球,使牠們能在黑暗的夜間活動。虎鶇眼球的尺寸反映在外表上,看起來也是滴溜溜、相當圓。拜此所賜,總覺得臉蛋比斑點鶇來得可愛。

1 cm

# 斑點鶇

Dusky Thrush

*Turdus eunomus*

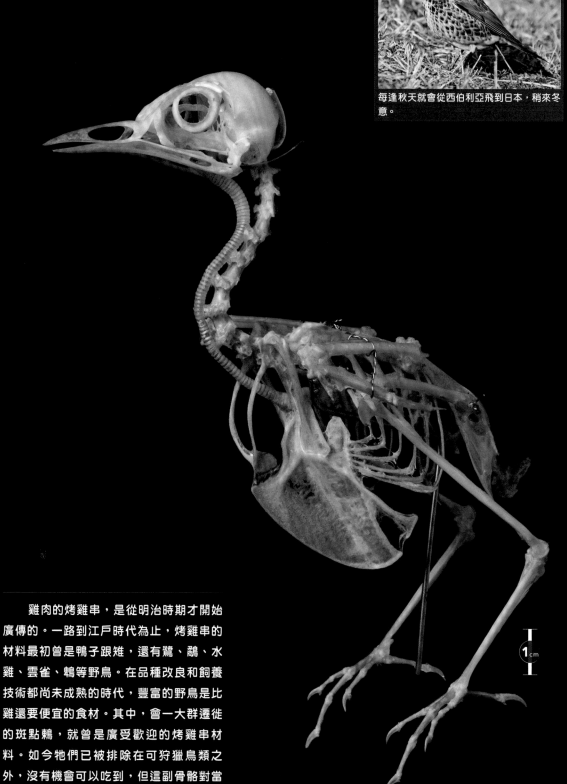

每逢秋天就會從西伯利亞飛到日本，稍來冬意。

　　雞肉的烤雞串，是從明治時期才開始廣傳的。一路到江戶時代為止，烤雞串的材料最初曾是鴨子跟雉，還有鷺、鶇、水雞、雲雀、鴝等野鳥。在品種改良和飼養技術都尚未成熟的時代，豐富的野鳥是比雞還要便宜的食材。其中，會一大群遷徙的斑點鶇，就曾是廣受歡迎的烤雞串材料。如今牠們已被排除在可狩獵鳥類之外，沒有機會可以吃到，但這副骨骼對當時的日本人而言，可是再熟悉不過了。

1 cm

# 藍喉鴝
*Luscinia svecica*

日文名「小川駒鳥」其實是取自鳥類學家小川三紀，但牠們在河川地確實可見，因此很容易產生誤會。

脛跗骨

跗蹠骨

1 cm

在小型的鶲類之中，藍喉鴝擁有長得出眾的脛跗骨和跗蹠骨。尤其跟白腹琉璃（p.151）之類一比，那長度更是難以忽視。利用地面者通常腳會很長，鳥的進化並不是在柏油路或會議室裡發生的，要在有著石頭、草等大量障礙物的天然地面行走，長腳會比較有利。藍喉鴝會頻繁地在地面採集食物，因應採食頻率，也才進化出了長腳，藍歌鴝的腳之所以長，原因也是一樣。另一方面，擅長飛行抓捕獵物的白腹琉璃，則不需要讓腳出場，因此將長度縮到了最小限度。

148

# 藍尾鴝
*Tarsiger cyanurus*

雌鳥是褐色的，因此這是以男性為中心式的命名，容我向大家說聲對不起。

股骨

脛跗骨

跗蹠骨

**1**cm

　　我心血來潮，測量了藍尾鴝、黃眉黃鶲、黃尾鴝、寬嘴鶲的腿骨長度。股骨會反映出身形大小，因此我以這根骨頭為基準，來計算脛跗骨和跗蹠骨的長度。除了黃尾鴝之外，脛跗骨都是股骨的1.7倍，跗蹠骨則是1.1～1.3倍；而黃尾鴝則是1.9倍和1.4倍。黃眉黃鶲跟寬嘴鶲都很擅長在飛行時抓補獵物，因此腳很短；黃尾鴝經常在地面採集食物，腳會長也是應該的。另一方面，藍尾鴝也經常在地面上採集食物，因此我原本預期牠們的腳會很長，結果卻不是這樣，如果以為外型總會單純地反映出行為，那就大錯特錯了。

Blue Rock Thrush

# 藍磯鶇
*Monticola solitarius*

並非喜歡大海,而是喜歡岩地。最近也會往都市區域出沒。

　　根據DNA分析,藍磯鶇在血統上跟黃尾鴝和黃眉黃鶲很相近。在還無法從分子生物學切入探討的過往,根據外型的特徵曾經將這種鳥分類成鶇科。純粹靠外表判斷的話,分類成鶇類並無異樣。我試著將藍磯鶇、黃尾鴝、黃眉黃鶲、斑點鶇等鳥類的骨頭一字排開,反倒找不太到能將藍磯鶇和黃尾鴝歸在一起的適當共通點。外型在某種程度上確實會反映血統,但經常也會碰到比較反映出行為的情況,就連偉大的分類學之父林奈先生也被這個外型給騙了。

1 cm

# 白腹琉璃

Blue-and-white Flycatcher

*Cyanoptila cyanomelana*

妝點日本初夏的夏鳥，優美的鳴囀很受風流雅士所好。

1 cm

白腹琉璃的嘴喙配合著食物適應進化了。平時大家常會從側面觀看鳥的嘴喙，但變成骨頭後若從上方觀看，將可以找到其他的特徵。藍歌鴝和藍尾鴝（p.149）的下顎骨幾乎是等腰三角形，白腹琉璃卻是直向較長的將棋駒形。下顎骨是嘴喙的骨頭，但在外觀上相當於嘴喙的，則是從骨頭中段轉角處再往前的部分。下顎骨根部的寬度，取決於頭的尺寸。雖然會以該尺寸為基礎，卻又想將嘴喙的寬度擴張到極限，因此才會在中途改變角度。這番精心設計所爭取到的寬闊好球帶，是為了在空中捕捉蟲子的進化結晶。

# 麻雀

Eurasian Tree Sparrow

*Passer montanus*

在日本是村落中的鳥，在歐洲卻是山上的鳥。
不能把人家的舌頭給剪掉啦※。

※日本童話故事《剪舌麻雀》裡，心地善良的老爺爺
對麻雀很溫柔，總會拿食物餵養牠們，老婆婆卻對此
不滿。某次麻雀吃掉了老婆婆的漿糊，就被老婆婆抓
起來剪掉舌頭。

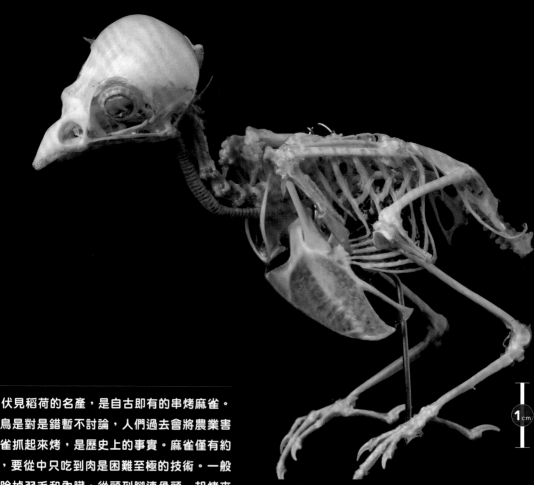

1cm

　　伏見稻荷的名產，是自古即有的串烤麻雀。
吃野鳥是對是錯暫不討論，人們過去會將農業害
鳥麻雀抓起來烤，是歷史上的事實。麻雀僅有約
20g，要從中只吃到肉是困難至極的技術。一般
會去除掉羽毛和內臟，從頭到腳連骨頭一起烤來
吃，畢竟這種體型的鳥，骨頭也不會太硬。有年
長者教過我，應該抓著腳，從頭開始咔吱咔吱地
吃掉，雖然體型相同，老鼠可就不能這麼辦了。
正因是為了飛行而輕量化的鳥類骨骼，才能採取
這種吃法。

# 白鶺鴒
*Motacilla alba*

在河川地帶經常可見。據說搖來晃去地擺動尾羽，是在提防獵食者。

大拇指的骨頭

大拇指的骨頭上附有小翼羽。在白鶺鴒身上僅是3mm左右的小骨頭，卻是飛行上的重要部位。

1 cm

白鶺鴒在20世紀後葉擴大繁殖，其分布區域甚至前進到住宅區，在路上也不少見。由於較容易貼近觀察，下次有機會時，請試著注意一下小翼羽。小翼羽是翅膀前緣正中央附近，從飛羽根部長出來的小羽毛。此羽毛附著在大拇指的骨頭上。鳥的翅膀只剩下大拇指到中指這3根骨頭，其中，食指跟中指不太會動，大拇指卻具有可動性，因此小翼羽就變成了能夠獨立開闔的稀有羽毛。小翼羽在低速飛行時可以對抗紊亂的風，使飛行變得穩定。雖然這根大拇指的骨頭有消失的傾向，但它目前仍在值勤活動中。

# 黃腹鷚
Buff-bellied Pipit
*Anthus rubescens*

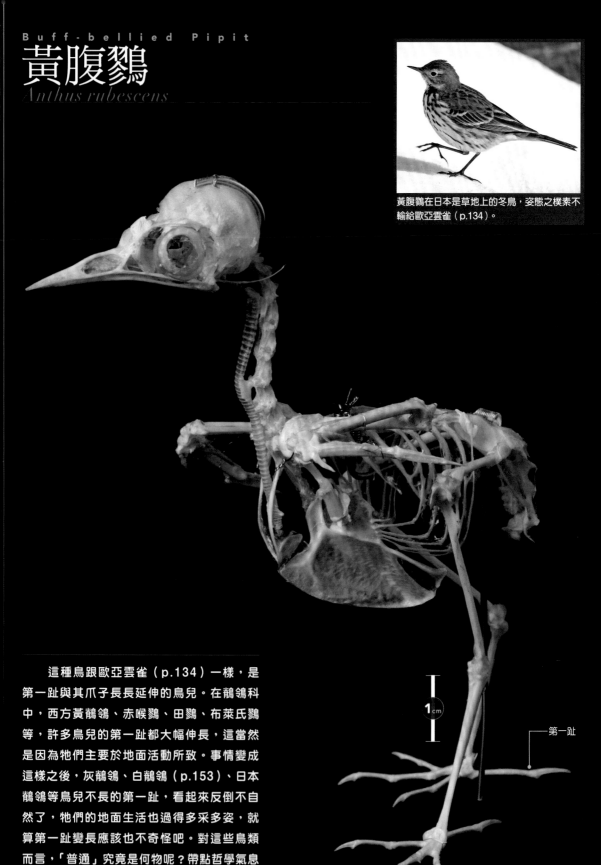

黃腹鷚在日本是草地上的冬鳥,姿態之樸素不輸給歐亞雲雀(p.134)。

1cm

第一趾

這種鳥跟歐亞雲雀(p.134)一樣,是第一趾與其爪子長長延伸的鳥兒。在鶺鴒科中,西方黃鶺鴒、赤喉鷚、田鷚、布萊氏鷚等,許多鳥兒的第一趾都大幅伸長,這當然是因為牠們主要於地面活動所致。事情變成這樣之後,灰鶺鴒、白鶺鴒(p.153)、日本鶺鴒等鳥兒不長的第一趾,看起來反倒不自然了,牠們的地面生活也過得多采多姿,就算第一趾變長應該也不奇怪吧。對這些鳥類而言,「普通」究竟是何物呢?帶點哲學氣息的正午過後,正適合用來思考關於鶺鴒科的問題。

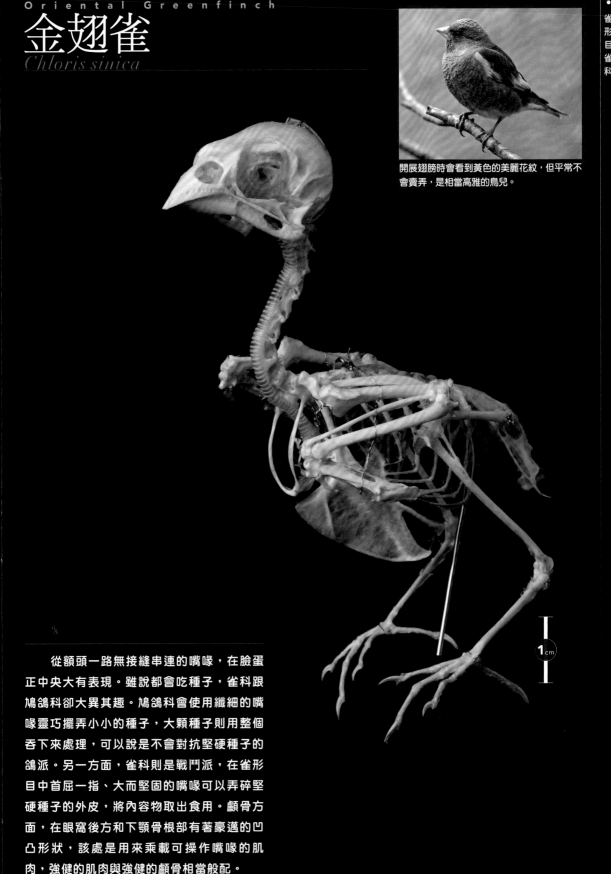

# 金翅雀

*Chloris sinica*

開展翅膀時會看到黃色的美麗花紋,但平常不會賣弄,是相當高雅的鳥兒。

1cm

　　從額頭一路無接縫串連的嘴喙,在臉蛋正中央大有表現。雖說都會吃種子,雀科跟鳩鴿科卻大異其趣。鳩鴿科會使用纖細的嘴喙靈巧擺弄小小的種子,大顆種子則用整個吞下來處理,可以說是不會對抗堅硬種子的鴿派。另一方面,雀科則是戰鬥派,在雀形目中首屈一指、大而堅固的嘴喙可以弄碎堅硬種子的外皮,將內容物取出食用。顱骨方面,在眼窩後方和下顎骨根部有著豪邁的凹凸形狀,該處是用來乘載可操作嘴喙的肌肉,強健的肌肉與強健的顱骨相當般配。

# 長尾雀

Long-tailed Rosefinch

*Uragus sibiricus*

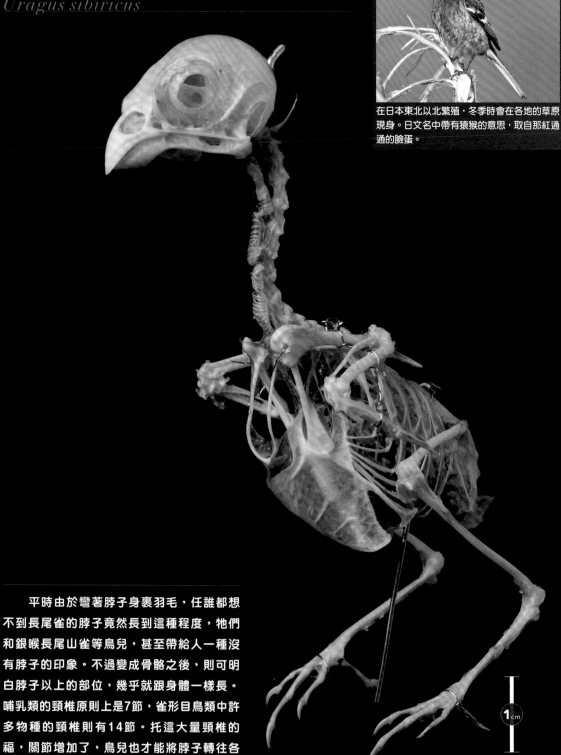

在日本東北以北繁殖,冬季時會在各地的草原現身。日文名中帶有猿猴的意思,取自那紅通通的臉蛋。

平時由於彎著脖子身裹羽毛,任誰都想不到長尾雀的脖子竟然長到這種程度,牠們和銀喉長尾山雀等鳥兒,甚至帶給人一種沒有脖子的印象。不過變成骨骼之後,則可明白脖子以上的部位,幾乎就跟身體一樣長。哺乳類的頸椎原則上是7節,雀形目鳥類中許多物種的頸椎則有14節。托這大量頸椎的福,關節增加了,鳥兒也才能將脖子轉往各個方向。朝各處歪著脖子東瞧西瞧的可愛模樣,是因玩具「彎彎蛇」般的多關節結構才得以實現。

**1**cm

# 歐亞鷽
Eurasian Bullfinch
*Pyrrhula pyrrhula*

天神的使者,曾經幫助過菅原道真。嗯哼。

　　雀科的嘴喙內側很特殊,上顎骨頭的下側,也就是嘴內的天花板部分,有著穩當的骨頭蓋子。一般雀形目的上顎骨只在接近嘴喙前端才有天花板,屬於天井式的結構。鴉科擁有相對寬廣的天花板,但在鼻孔下方一帶也是天井。因此,看其他鳥兒看習慣,再來看雀科嘴喙內側的時候,就會覺得這是什麼鬼呀!這股異樣感實在暢快,一定要跟大家分享。雀科的骨骼標本僅限從下方窺視。順帶一提,一樣都是吃種子,鸚形目的天花板很廣闊,雀形目卻很狹窄,認真程度的差距,看嘴巴裡面就知道。

1 cm

# Hawfinch
# 臘嘴雀
*Coccothraustes coccothraustes*

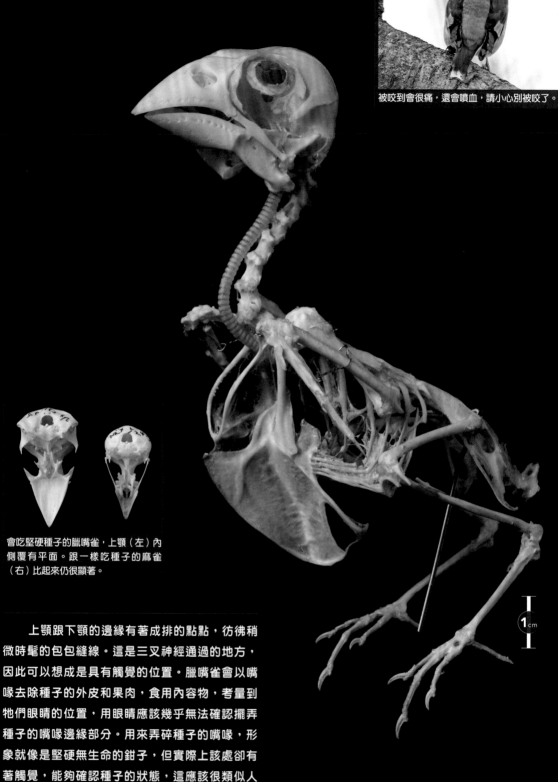

被咬到會很痛，還會噴血，請小心別被咬了。

會吃堅硬種子的臘嘴雀，上顎（左）內側覆有平面。跟一樣吃種子的麻雀（右）比起來仍很顯著。

上顎跟下顎的邊緣有著成排的點點，彷彿稍微時髦的包包縫線。這是三叉神經通過的地方，因此可以想成是具有觸覺的位置。臘嘴雀會以嘴喙去除種子的外皮和果肉，食用內容物，考量到牠們眼睛的位置，用眼睛應該幾乎無法確認擺弄種子的嘴喙邊緣部分。用來弄碎種子的嘴喙，形象就像是堅硬無生命的鉗子，但實際上該處卻有著觸覺，能夠確認種子的狀態，這應該很類似人類的牙齒也有神經通過那樣。

1 cm

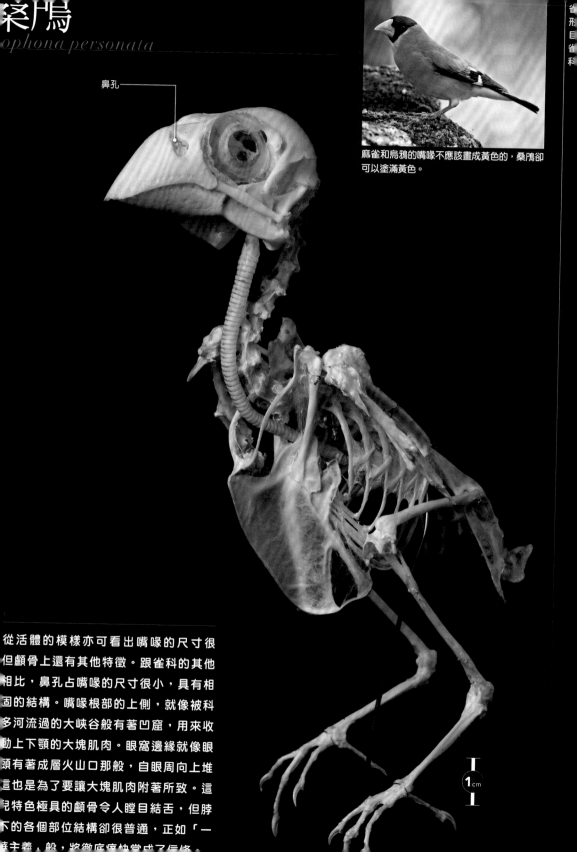

桑鳲
*ophona personata*

鼻孔

麻雀和烏鴉的嘴喙不應該畫成黃色的，桑鳲卻可以塗滿黃色。

1cm

從活體的模樣亦可看出嘴喙的尺寸很
但顱骨上還有其他特徵。跟雀科的其他
相比，鼻孔占嘴喙的尺寸很小，具有相
固的結構。嘴喙根部的上側，就像被科
多河流過的大峽谷般有著凹窟，用來收
動上下顎的大塊肌肉。眼窩邊緣就像眼
頭有著成層火山口那般，自眼周向上堆
這也是為了要讓大塊肌肉附著所致。這
兒特色極具的顱骨令人瞠目結舌，但脖
下的各個部位結構卻很普通，正如「一

# 草鵐

*Emberiza cioides*

模樣很樸素，叫聲卻很美妙，聽起來像在用
文說「請讓我簡單說幾句～♪」。

1cm

　　草鵐跟麻雀（p.152）是
日本褐色小鳥的代表。兩者都
愛吃種子，是雜食性的樸素鳥
兒，只要懂得分辨臉頰黑的是
麻雀，白的則是草鵐，日常生
活上就不會出問題。當然，就
算分不出來，應該也不會困
擾。牠們雖然很相像，化作骨
骼之後卻能明白嘴喙的外型有
著差異。草鵐的上顎骨頭，在
嘴喙的中段改變角度，就像
《魔投手》高跳躍式魔球的角
度那般，朝著下方彎曲。鵐科
的型態可說更適合在地面上啄
食種子，這種外型令人想到灰

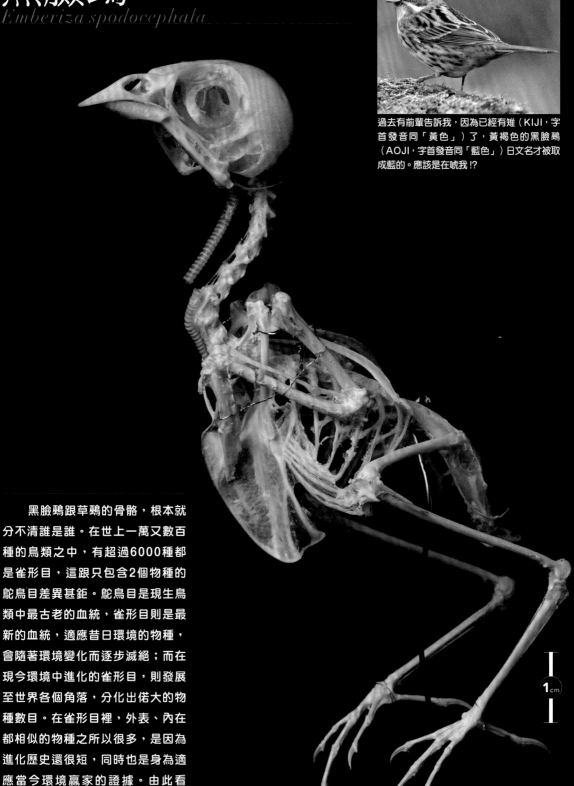

# 黑臉鵐
*Emberiza spodocephala*

過去有前輩告訴我，因為已經有雉（KIJI，字首發音同「黃色」）了，黃褐色的黑臉鵐（AOJI，字首發音同「藍色」）日文名才被取成藍的。應該是在唬我!?

黑臉鵐跟草鵐的骨骼，根本就分不清誰是誰。在世上一萬又數百種的鳥類之中，有超過6000種都是雀形目，這跟只包含2個物種的鴕鳥目差異甚鉅。鴕鳥目是現生鳥類中最古老的血統，雀形目則是最新的血統，適應昔日環境的物種，會隨著環境變化而逐步滅絕；而在現今環境中進化的雀形目，則發展至世界各個角落，分化出偌大的物種數目。在雀形目裡，外表、內在都相似的物種之所以很多，是因為進化歷史還很短，同時也是身為適應當今環境贏家的證據。由此看來，無法區分黑臉鵐跟草鵐也是沒辦法的事。

1cm

# 成為骨骸為何故

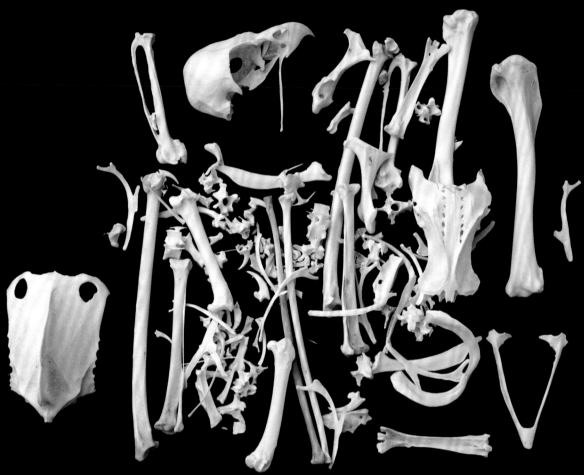

研究用的黑鳶，單一個體分量的骨骼標本。跟剝製標本相比，可以清楚看出一隻的分量有多麼精巧。

## 骨頭七零八落之感

談到骨骼標本，極具代表性的就是如骷骨戰士般全身組裝起來的模樣，這稱為組裝骨骼。如果想要整體掌握某種動物的骨骼特徵，或者用於展示，這個類型會很不錯。

另一方面，許多研究則會使用到四散的分離骨骼。個別的骨頭相對易於測量和比較，最棒的是只需要少少的收納空間就行了。若是分離骨骼，一個小咖啡杯就能收放3隻斑點鶇的骨頭。

這類骨頭，會被使用於各式各樣的研究之中。

骨頭自古以來就是分類時所需要的基準。例如鴕鳥和鷸鴕等稱為古顎類，就是依據顎骨的外型來做分類。

在生活周遭，骨頭也具有圖鑑般的用

余，可以用來做各種鑑定。老鷹吃完東西的痕跡、貓咪的糞便、吃完烤雞串後的盤子裡，鳥類的骨頭會出現在形形色色的地方。這種方法是只要找出物種和部位，就能了解獵食者的食性和戀人的偏好。

判定對象並不限於現生物種，古老的遺跡也會產出許多骨頭。透過古代人吃完東西的殘渣、偶然混進來的貓頭鷹食繭等線索，當時的飲食生活和鳥類的生態都會浮上檯面。

骨頭有時也能用來還原古生物的外觀和行為。例如從白堊紀地層發現的黃昏鳥這種古代鳥類，在與鸊鷉科、潛鳥科的骨頭比較之後，已能推測牠們是滑腳潛水、有著瓣蹼足的鳥兒。

## 化石的記憶

不同於無比脆弱的軟組織，骨頭具有極高的保存性，時而會在地面下持續沉睡長達數億年。有時也會利用此種保存性質，將骨頭用於破壞性的研究之中。

從古代人骨檢驗出DNA的議題，經常登上新聞版面。當然，不只人骨，從鳥骨中也有可能萃取出DNA。例如北海道大學的江田真毅等人，就從各地繩文遺址出土的信天翁類骨頭萃取出DNA，復原了當時信天翁類的分布情形。

雖說如此，由於DNA很容易分解，假如保存狀態不佳就會無從萃取。DNA的半衰期是521年，因此古老到某種程度就會變得半點不留。

另一方面，骨頭裡含有膠原蛋白。膠原蛋白比DNA來得穩定，有時可以保存長達1億年以上。據信其成分胺基酸的序列可以反映出血統，從序列的差異即可推斷某塊骨頭屬於誰的同伴。從恐龍萃取DNA尚未成功，但從暴龍的骨頭則已成功萃取出膠原蛋白，經過比較胺基酸序列，已經證明比起鱷魚或蜥蜴，牠們跟鴕鳥和雞應該比較近緣。

從骨頭還可以測量出氮和碳等元素的穩定同位素比。調查這些資訊，就能理解該生物在生態系的金字塔中曾經立於何種地位，以及古代動物曾經食用過哪些食物。另外，利用硫的同位素比，則能推斷食物是來自海洋，或是來自陸地。

目前已知氧的同位素比會依體溫而有變化，因此，有研究正在努力從古生物骨頭裡的氧同位素比，推斷出動物還活著時的體溫。水中所含的氧同位素比會依海拔而異，故也會用來推斷動物棲息的場所。

骨骼是頑強的儲存器具，當中篆刻著太古的記憶。

# 詞彙解說

- **《魔投手》高跳躍式魔球**：番場蠻所投出的球。由於會先跳高再往下投，非常難擊中。
- **250cc芬達汽水**：席捲昭和時代的罐裝汽水，最近不太能看到。
- **Shovelest**：Shoveler的最高級。
- **T2噬菌體**：外表很像阿波羅登月小艇的病毒。
- **T-800逐漸沉入熔爐時比出的祝你好運手勢**：打敗T-1000而完成任務的生化人，最後一項工作就是消除自己。而豎起大拇指則是友情的證據。
- **卜派和奧莉薇**：喜歡菠菜的水手，以及他的女朋友。女朋友的名字是橄欖油的諧音（Olive Oyl），她有時會外遇。
- **大嘴鳥**：在森永製菓巧克力球上出現的鳥類，是不等趾型的普通鳥兒。
- **小剛和大猩猩**：居住於空蕩大地上的原始人，以及他的大猩猩朋友。會狩獵猛瑪象和野豬。
- **分鼻孔型**：鼻孔朝前後擴張，孔洞超越了前顎骨鼻突起，並一路拓展至後方。
- **日周活動（日周律）**：以一次晝夜為週期出現的行為模式。包括夜行性、日行性，以及晨昏性等等。
- **水滴魚**：世上最醜的生物，因《MIB星際戰警3》而成名。
- **古夫**：吉翁公國的新型機動戰士，從肩膀伸出的刺釘令人聯想到肱骨脊。
- **古顎類**：現生鳥類最古老的一群，包括走禽類、鷸形目。其他現生鳥類全部都是新顎類。
- **本田汽車（ＨＯＮＤＡ）的ＭＯＮＫＥＹ跟ＧＯＲＩＬＬＡ車款**：擁有相同外殼和引擎，50cc的兄弟摩托車。GORILLA的油箱比較大。
- **白堊紀**：接續侏儸紀，中生代的最終時代。
- **全鼻孔型**：鼻孔小而圓，孔洞只長到前顎骨鼻突起處。
- **划腳潛水**：將腳當成推進器官的潛水方式，潛鳥、鸕鷀等都是使用這種方法。
- **多佛惡魔**：分布於美國麻塞諸塞州的特有動物，未經記載的物種。
- **多魯美奇亞帝國**：由烏王所統治的大國，在最終戰爭過後的反烏托邦擴張支配體系。
- **羊膜動物**：在胚胎形成初期具有羊膜的動物群體。是從兩棲類進化而來的，包括哺乳類和爬蟲類。

- **肌胃**：鳥所擁有的一種胃，包覆胃壁的肌肉就連堅硬的種子和貝殼都能弄破。又稱為砂囊或胗。
- **技之一號、力之二號**：假面騎士一號和二號的廣告詞。順帶一提，一號好像是IQ600。
- **沙海狂鯊**：能在沙灘上游泳的鯊魚，會將離開海洋後放鬆戒備的海水浴場遊客，推入恐怖地獄的深淵。
- **兩津勘吉**：在葛飾區龜有公園前派出所任職的地方公務員。
- **始祖鳥**：約1億5千萬年前的古代鳥類。腳上也有翅膀，推測是用4個翅膀飛行。
- **拉娜的朋友蒂奇**：從最終戰爭存活下來的小燕鷗，跟少女拉娜心靈相通。
- **飛頭蠻**：到了夜裡，頭部就會離開身體飛行的中國哺乳類。轆轤首的旁系群。
- **俯衝潛水**：從空中往下衝的潛水方式，翠鳥、鰹鳥等都是使用這種方法。
- **哥吉拉龍**：受到氫彈實驗影響而突變成哥吉拉的恐龍，跟哥斯拉龍是不同物種。
- **振翅潛水**：以翅膀為推進器官的潛水方式，企鵝、海燕等都是使用這種方法。
- **氣囊**：位於鳥類肺部前後方的呼吸器官，包覆著薄膜的空氣囊，對增進呼吸效率及身體散熱有所助益。
- **迷你早安**：從「Hello! Project」出道，身高不到150cm的女性偶像團體。
- **馬傑拉戰車的分離式砲塔**：吉翁公國主力戰車的上半身，砲台部分可以分離飛行。
- **偉大的林奈先生**：卡爾‧馮‧林奈，建構出二名法而被視為分類學之父。其子之名也是卡爾‧馮‧林奈。
- **寄生**：某種生物從宿主個體單方面得利，反過來說，是對宿主不利的關係。
- **球藻羊羹**：用牙籤刺下去，羊羹就會從皮裡面跑出來，很方便食用，是20世紀羊羹界的最大發明。
- **異形**：吉格爾（H.R. Giger）所打造出來的恐怖化身。在太空中，沒人聽得到你尖叫。
- **異形般的口器**：異形沒有眼睛，口器會從嘴巴裡面衝出來。該有的沒有，不該有的卻有，恐怖的地方就在這裡。
- **凱‧艾爾**：超人的本名，能自在地飛於空中，會被誤認為鳥或飛機。從眼睛可以射出射線，跟蝙蝠俠感情不好。

- 湯姆・克魯斯：忙著談戀愛跟拍動作片的帥哥。騎機車的技巧無異於專家，拍片時不使用替身。
- 圓錐形甜麵包「甘食」：如瑪德蓮但並不柔軟的烘焙點心，優點是乾巴巴的。
- 滑翔：張開翅膀不拍打的飛行方式。
- 蜂巢結構：以正六角形無縫排列成的結構。輕盈且堅固，在戰車和戰鬥機中也有使用。
- 跳躍雙膝墜擊：用彎起的雙膝從空中敲擊對手，失手的話自己就會受傷，是雙面刃。
- 榨檸檬器：檸檬榨汁器。史塔克設計的製品，可以在「ALESSI」買到。
- 腐海：將被人類污染的世界吸收淨化的嶄新生態系。
- 蒙古死亡蠕蟲：在地裡移動並會衝出來噴毒的恐怖動物。未受記載的物種。
- 鳴管：位於鳥氣管分岔處的發聲器官。
- 蝙蝠俠：喬裝的強大有錢人，會將披風像滑翔翼般撐開滑翔。
- 樹精：扭來扭去的動物，會發電。成群活動，搭船時總是奇數。
- 鋼鐵人：東尼・史塔克所開發的動力裝甲，外層主要是高密度的碳、金、鈦合金。
- 龍貓：大型雙足步行哺乳類。頭部有覆蓋著毛的角狀突起，但功能不詳。
- 嬰兒米餅：方便嬰兒食用，很容易在嘴裡溶開的脆餅。
- 擬態：模仿其他事物特徵的行為。
- 薩克：吉翁公國所開發的量產型機動戰士，左肩尖尖的刺釘既龐克又搖滾。

# 主要參考文獻

- 犬塚則久(2006)恐竜ホネホネ学. 日本放送出版協会.
- 大阪市立自然史博物館(2007)標本の作り方. 東海大学出版会.
- 黒田長久(1962)動物系統分類学10(上)脊椎動物III. 中山書店.
- 国立科学博物館(2003)標本学誌自然史標本の収集と管理. 東海大学出版会.
- 菅沼常徳, 浅利昌男(訳)(1997)鳥のX線解剖アトラス. 文永堂出版.
- 菅原浩・柿澤亮三(1993)図説日本鳥名由来辞典. 柏書房.
- 杉田照栄(2018)カラス学のすすめ. 緑書房.
- 鈴木隆雄, 林 泰史(2003)骨の辞典. 朝倉書店.
- 八谷昇, 大泰司紀之(1994)骨格標本作成法. 北海道大学図書刊行会.
- 松井章(2008)動物考古学. 京都大学学術出版会.
- 松岡廣繁(2009)鳥の骨探. NTS.
- 盛口満(2008)フライドチキンの恐竜学. ソフトバンククリエイティブ.
- アラン・フェドゥーシア(2004)鳥の起源と進化. 平凡社.
- ソーア・ハンソン(2013)羽. 白揚社
- ダレン・ナイシュ, ポール・バレット(2019)恐竜の教科書. 創元社.
- ティム・バークヘッド(2018)鳥の卵. 白揚社
- フランク・ギル(2009)鳥類学. 新樹社.
- Brown R, Ferguson J, Lawrence M & Lees D (2003) Tracks and Signs of the Birds of Britain and Europe 2nd ed. Christopher Helm.
- Dyce, Sack & Wensing (2002) 獣医解剖学第二版. 近代出版.
- Gilbert BM, Martin LD, Savage HG (1996) Avian Osteology. Missouri Archaeological Society Inc.
- Kaiser GW (2008) The Inner Bird: Anatomy and Evolution. Univ of British Columbia Press.
- Lovette IJ & Fitzpatrick JW (2016) Handbook of Bird Biology 3rd ed. Wiley.
- Noble S. Proctor and Patrick J. Lynch; With selected drawings by Susan Hochgraf (1998) Manual of Ornithology: Avian Structure and Function. Yale University Press.
- van Grouw K (2013) The unfeathered bird. Princeton Univ Press.

# 種名索引

1
～
5
劃

6
～
10
劃

※洪保德環企鵝（封面）、鯨頭鸛（p.1）、孤田鶇、藍尾鴝、尖尾鴨（p.2）的骨骼標本，皆藏於我孫子市鳥類博物館。

■ 作者

**川上和人**（Kawakami Kazuto）

森林綜合研究所主任研究員。投身小笠原群島鳥類進化及保育研究。
喜歡起司口味的Karl玉米棒。喜歡Bourbon餅乾的蘿曼捲。喜歡姓史
塔森的傑森。不過，如果要選一輩子吃Karl還是花生，會想選後者。
可以用大啤酒杯裝著花生豪邁地喝下。著有《鳥類學家的世界冒險劇
場：從鳥糞到外太空，從暗光鳥到恐龍，沒看過這樣的鳥類學！》（漫
遊者文化）、《鳥肉以上、鳥学未満。》（日本 岩波書店）、《そもそも
島に進化あり》（日本 技術評論社）等書。

■ 攝影

**中村利和**（Nakamura Toshikazu）

生於神奈川縣的攝影師。日本大學藝術學部攝影學系畢業後，曾任攝
影助理，其後自由接案。高中時受朋友影響開始觀察鳥類，後來主要
聚焦於貼近生活的野鳥，記錄牠們的自然神情與舉止。對「光」很執
著，總想用心拍出感覺得到「光」的照片。2017年透過青菁社出版了
攝影集《BIRD CALL》。

**STAFF**

■ 標本攝影及採訪協助
我孫子市鳥類博物館
博物館公園・茨城自然博物館
森林綜合研究所

■ 照片協助
新谷亮太〈秋小鷺、簑羽鶴、灰腳秧雞、黃鸝〉
菅原貴德〈烏領燕鷗〉
中村咲子〈黑林鴿、白腹穴鳥、灰藍叉尾海燕、笠原吸蜜鳥〉
福井縣立恐龍博物館〈福井盜龍、古神翼龍〉
山階鳥類研究所〈叉尾雨燕的骨骼標本〉
麻布大學生命博物館〈東日本鼴鼠的骨骼標本〉
amanaimages〈大鴇、黑帶尾蜂鳥〉

■ 設計
國末孝弘（Blitz）

# 鳥類骨骼圖鑑
## 從鴕鳥到麻雀，收錄145種珍貴鳥類標本！

2021年 1 月 1 日初版第一刷發行
2022年11月15日初版第二刷發行

| | | |
|---|---|---|
| 作　　　者 | 川上和人 |
| 攝　　　影 | 中村利和 |
| 譯　　　者 | 蕭辰倢 |
| 編　　　輯 | 陳映潔 |
| 美術編輯 | 黃郁琇 |
| 發行人 | 若森稔雄 |
| 發行所 | 台灣東販股份有限公司 |
| | ＜地址＞台北市南京東路4段130號2F-1 |
| | ＜電話＞(02)2577-8878 |
| | ＜傳真＞(02)2577-8896 |
| | ＜網址＞http://www.tohan.com.tw |
| 郵撥帳號 | 1405049-4 |
| 法律顧問 | 蕭雄淋律師 |
| 總經銷 | 聯合發行股份有限公司 |
| | ＜電話＞(02)2917-8022 |

TOHAN

國家圖書館出版品預行編目(CIP)資料

鳥類骨骼圖鑑：從鴕鳥到麻雀，收錄145
種珍貴鳥類標本！ / 川上和人著；蕭
辰倢譯. -- 初版. --臺北市：臺灣東販，
2021.01
168面；18.2×25.7公分

ISBN 978-986-511-575-3 (平裝)

1.鳥類 2.骨骼 3.標本 4.圖錄

388.8　　　　　　　　　　109019581

**TORI NO KOKKAKU HYOHON ZUKAN**
Written by Kazuto Kawakami, photographed by
Toshikazu Nakamura
Text copyright © 2019 Kazuto Kawakami
Photographs copyright © 2019 Toshikazu Nakamura
All rights reserved.
Original Japanese edition published by
Bun-ichi Sogo Shuppan, Tokyo.

This Complex Chinese edition is published by
arrangement with Bun-ichi Sogo Shuppan,
Tokyo c/o Tuttle-Mori Agency, Inc., Tokyo.